大樂文化

未來你是誰

牛津大學的6堂領導課

珍藏版

岡田昭人◎著　蔡容寧◎譯

世界を変える思考力を養う オックスフォードの教え方

目次 Contents

第1堂課

統御力：引導個人與組織邁向成功 065

第2堂課

第3堂課

第4堂課

分析力：沒有標準答案的問題也能解 171

前言
未來你是誰？牛津有答案

牛津（Oxford）位於倫敦的西北方，從倫敦搭電車前往大約需要一小時，是一個現今仍殘留中世紀街道風情的傳統城鎮。十一世紀創建於此地的牛津大學，是英語圈中最古老的大學，目前由三十八個學院所構成，學生總數超過一萬九千人。

在每年發表的世界大學排行榜當中，牛津大學總是名列前茅。被人們併稱為「牛橋」（Oxbridge）的牛津大學與劍橋大學，在傳統、教育、各種設施的充實度等各個方面，都讓每位學生得到充滿創造力、最高水準的學術薰陶。因此，吸引世界各地的優秀學生聚集，為了實現夢想，日夜不停地努力學習。

而且，牛津大學還以培育英國型紳士（Gentleman）聞名於世。「**紳士**」是全世界共通、具有讚賞意味的用語。對於人們來說，紳士是指擁有「高尚的教養與禮儀」與「溫和謙虛」兩個面向的人。日本人若是被稱讚「你真是位紳士」，通常會覺得不好意思。

然而，我認為紳士具有另一種面貌。「紳士」是指在人際關係上，具有「不讓對方見縫插針」的技巧與氛圍的人。具體地說，他們擁有「高度的自尊心」與「知識武裝」，會帶給人們無形的威嚴感。

我認為，英國之所以能夠長久以來一直引領世界，原因就在這裡。

不斷顛覆既有常識，才是頂尖

牛津大學造就出許多位世界級政要，以及工商界領袖。光是英國本身，就有柴契爾夫人（Margaret Thatcher）、東尼・布萊爾（Tony Blair）等二十六位首相。

而且，還有很多留名青史的人物，例如：經濟學之父亞當・史密斯（Adam Smith）、政治哲學家托馬斯・霍布斯（Thomas Hobbes，譯注：一五八八—一六七九，其名著《利維坦》又譯為《巨靈論》，有系統地闡述國家學說，探討社會結構），以及《魔戒》作者J・R・R・托爾金（John Ronald Reuel Tolkien）、《愛麗絲夢遊仙境》的作者暨數學家路易斯・卡羅（Lewis Carroll）等。

事實上，牛津大學是文武雙全的世界名校，眾多校友在各界成為佼佼者：緬甸人權鬥士翁山蘇姬（Aung San Suu Kyi）等五十多位諾貝爾獎得主、理論物理學家史蒂芬・霍金（Stephen Hawking），以及多位奧運獎牌得主。此外，飾演「豆豆先生」而廣為人知的羅溫・艾金森（Rowan Atkinson），也是牛津大學的畢業生。

不只是英國人，牛津大學匯聚來自世界各國的學生，有美洲與歐洲的優秀人才，還有亞洲、中東、中南美、非洲的新興國家菁英，在此互相切磋琢磨、取得學位，回到自己的國家成為菁英紳士。在日本方面，則有德仁天皇等多位有名的畢業生。世界各地的校友活躍於各行各業，除了財經、政治領域之外，更有許多人擔任醫師、大學教授、律師、運動員，以及新創事業的創業者。

牛津與劍橋大學的校友，已共同在各國組織同學會網絡，定期舉辦各種聚會與交流活動，影響力遍及全世界。以前我出席東京同學會時，當時的德仁親王伉儷曾連袂蒞臨。

牛津大學之所以能人才輩出，許多校友成為歷史上的偉人，原因就在於學校「打破常識」的教育理念。

培養打破「茶壺」的人才

接下來，我先介紹一下自己。我在日本就讀大學，主修企業管理，之後前往美國留學。當時，只是單純一心想到國外闖一闖，而選擇留學之路，甚至只買了單程機票。我進入紐約大學研究所，學習時下相當新的學術領域「跨文化傳播學」，主要研究不同文化圈的人之間，發生各種溝通摩擦的原因與解決方法。

後來，我決定到英國攻讀博士，而選擇牛津大學的原因是想要實現夢想：進入英國最頂尖大學，與世界各地的菁英相互切磋，進而當一位學者。經過四年苦讀，我成為第一個取得牛津教育學研究所博士學位的日本人。

回國之後，我有幸在東京外國語大學任教，與日本學生及世界各國的留學生，一起度過精進學問、充滿樂趣的生活。

在大學任教的我，為什麼想要撰寫本書？因為，**我對於現今人才培育的方式抱持**

疑問。

以日本為例，一般來說，孩子從幼年時期開始，就為了通過入學考試，而在學校或補習班裡被迫學習，失去人生中最感性的時期。大學被譏諷為「遊樂園」，只要能夠入學，以後不管怎麼玩都能夠畢業。

企業界對大學教育也不抱持任何期待，長期以來，工作上必要的知識與技能，往往都是在就業後由公司來訓練。不過，最近只有一些大企業仍沿襲這種作法。

在日益全球化的現代社會裡，這樣欠缺一貫性的教育體系，不適合培育人才而且落伍。

從「企業競爭力」這個面向來看，在國內外日益嚴峻的環境裡，人們因為畏懼失敗，而在商品開發上過於依賴暢銷排行榜，不斷地模仿熱賣商品，管理階層也對業界的動向無動於衷，逃避做出打破先例與習慣、大刀闊斧的決策。結果，各個領域都充滿閉塞感，無法造就出「非連續性創新」（discontinuous innovation，譯注：由佛蘭克〔Frankel〕所提出，是指在產品形式、基本功能都是前所未有的新發明，消費者也需要學習全新的產品知識和使用方法），不管是單純的銷售規模，或是在全球競爭下的表現，都每況愈下。

我認為，這是因為過於相信國內或相同業界、自家公司或部門，**過於相信「茶壺內」的常識、價值觀或判斷基準是絕對的，而被束縛住。**（譯注：「茶壺內」這個說法，源自威廉・貝利・巴納德〔William Bayle Bernard，一八〇七—一八七五〕的戲劇《茶壺內的風暴》〔*A Storm in a Teacup*〕。原本意指小題大作，這裡意指限縮於組織、公司、國家內部。）

現在，我們應該抱持危機感：能孕育出打破先例與習慣的發想，並加以實現的人才，正逐漸「瀕臨絕種」。因此，人們必須打破不良慣例，大學與企業必須共同認真思考，以培育出能存活於全球化世界的人才。

面臨這樣的時代，我心中「必須採取一些行動！」的想法，促成本書的誕生。

具備6種能力，成為一流領導者

在本書中，我回顧自己在牛津大學等地求學的海外留學體驗，以及任教於東京外國語大學的教學經驗，希望向各位讀者傳達，想成為活躍於世界舞臺的全球化人才，必須具備哪些習慣、價值觀、紳士精神，特別是如何培養現今大多數人欠缺的「**六種能力**」。

這六種能力是牛津大學校友的共通「特質」，大致上分為：

統御力：自然位居眾人之上，領導他人的能力。
創造力：透過一再模仿，從中產生嶄新構想的能力。
戰鬥力：尊重對方的意志，同時貫徹自我主張的能力。
分析力：分析問題所在，找出解決問題捷徑的能力。
冒險力：將試煉與苦難轉化為能量，勇往直前的能力。
表現力：讓他人印象深刻的能力。

而且，這六種能力可以畫分為下列兩類。藉由兩者的融合，能夠造就出更強大的能力。

人際關係的能力（相互關聯）：統御力、戰鬥力、表現力

個人的能力（發揮人際關係能力的武器）：創造力、分析力、冒險力

接下來，我以自己的牛津經驗為基礎，透過各式各樣的情境向各位介紹：唯有在牛津，才能獲得的特別教育方法與培育人才訣竅。

「教導」是最有效果的學習

在本書裡，我試圖將這六種能力的重點，轉化成四十二個具體方法，儘可能穿插許多實際經驗進行解說。

而且，我將連結這六種能力與牛津式「教導法」的訣竅，介紹在上司與部屬、老師與學生、父母親與子女等各種關係中，如何有效培養這些能力。

另外，我將運用教育學的證據來闡述，對於人類而言，最能使知識與教養深入扎根的方法，就是「教導他人」。在這個意義上，我可以明確表示：「**教導正是最佳學**

習。」

換句話說，我深信本書內容不僅有助於指導及培育部屬與後進，還蘊藏將自身學習及成長最大化的啟示。因此，**本書既是「教導法」的書，也是「學習法」的書。**

如果你想要傳達新的思考方法與構想，本書可以讓你再次檢視自己已知道、從日常習慣中養成的能力，並獲得自信。

除了學生、教師等教育相關者之外，年輕商務人士、希望工作更上層樓的人，以及負責員工培訓的管理者，也都是本書設定的讀者群。

如果本書介紹的牛津式教導法與六種能力，有助於各位讀者的日常溝通及工作，並能提供教育人士些許啟示，我將感到無比榮幸。

起步

別的地方學不到的領導課

導師指導課，是牛津教育方式的核心

如果將牛津大學的教育與一般大學做比較，你認為決定性的差別是什麼？了解牛津的學生應該會口徑一致地回答，差別在於「**導師指導制度**」（Tutorial）。

雖然牛津也像普通大學，有教授授課與論文討論，但這些充其量只扮演輔助的角色，如果學生不是很感興趣，不出席也無妨。而且，學校沒有規定每次上課都要點名，也沒要求學生一定得接受考試。

因此，學生不管修了多少課程，都不能算是接受正統的牛津教育。其原因在於，對於學生而言，牛津的學習方式並非只是單純聽課，而是以「導師指導課」為核心。

你的想法與立場，我尊重

所謂「導師指導課」，是指教師與幾位學生藉由對話，逐漸深化知識與理解的教育方法。

大多數的情況裡，導師指導課是每週一次、每次一個小時，學生一人（有時候二至三人）搭配一位指導老師來進行。（指導老師被稱為「導師」，或是「督導員」。）

每一次的導師指導課之前，學生都會被要求精讀大量的相關文獻，並且以此為基礎，針對導師事先指定的課題提出小論文。小論文不能只是整理文獻內容而已，還必須寫出對於課題的分析與想法。然後，導師與學生根據這篇小論文，進行質疑問答與討論。

在牛津大學，「導師指導課」的目的是培養以下的能力：

①分析、整合及表現的能力

②批判力與議論力

③透過協調解決問題的能力

也就是說，透過導師指導課，學生可以培養分析力、議論力、批判性思考力，以及與他人討論時自主思考的能力。

接下來，向各位介紹我上導師指導課的實際經歷。

首次體驗導師指導課的震撼教育

到了導師指導課的那天，我抱著一堆文獻前往教育研究所大樓，步履沉重。這棟建築物歷史悠久，導師大衛．菲利浦斯（David Philips）教授的研究室位於二樓。我敲了敲厚重的木門，聽到一聲「請進」之後，便開門進入。我們兩人隔著桌子對坐，在準備妥當後，導師指導課終於開始。

①分析、整合及表現的能力

每次教授都會要求我，先用大約十分鐘的時間，說明我從精讀過的文獻中獲得的新知。其實，重點不在於詳細說明這些文獻的內容，而是簡潔論述自己在大量閱讀後，獲得哪些知識，並簡短評論這與自己的研究主題有什麼關係。

每週，學生都要密集精讀至少五至十篇文獻、論文及資料，吸收各式各樣的知識，並且撰寫小論文，以培養獨立思考與表達能力。

②批判力與議論力

之後，教授會針對事先指定的題目提出疑問，學生必須以自己撰寫出的小論文為基礎，來回答所有的詢問。

「這個詞彙的定義為何？」

「你的想法根據為何？有數據可以佐證嗎？」

「這個闡述是你個人的意見，還是文獻中某位作者的意見？」

「寫的全都是已經發生的事情，完全沒有你自己的詮釋與批判，不是嗎？」

有時候，我甚至遭受「這篇小論文的程度完全不足以討論」等嚴厲的批評。牛津大學所有的學生，都得接受導師指導課的洗禮，即便面臨完全答不出來的窘境，也絕對不能被打倒，必須努力承受教授提出的意見與評論，並且與質疑奮戰拚搏。

我一開始最感到壓力的是質疑問答，但後來逐漸發現，無論是對於我從文獻中獲得的知識，還是自己的表達、理解及思考過程，教授的質疑與彼此的相互討論，都能激勵我更上層樓。

學生就是這樣透過質疑問答，獲得導師對於自己的知識解讀、思考方法的評價，並且學到新的觀點。

③透過協調解決問題的能力

在最重要的質疑問答結束之後，有大約十分鐘的時間來做總結。在這個階段，導師與學生會溝通：每次的導師指導課有什麼收穫、今後打算如何進行等。導師與學生之間，不是以討論而是以協調的方式，針對下個目標交換意見。

在導師指導課的教育當中，師生關係是以通過最終考試與完成論文為目標，形成像是「合作夥伴」的關係。正因為這種關係的存在，即使有時候導師的意見很苛刻，學生也能夠接受；相對地，導師也允許學生提出些許失禮的反駁。

請試著將大學「上課」與商務「會議」、「導師指導課」與「上司和部屬的單獨討論」置換看看。上課與會議的參加人數越多，就越看不到每個人的臉，參加者的發言次數也會變少，如此一來，便無法鍛鍊思考能力。實際上，我一些畢業於牛津大學賽德商學院（Saïd Business School，SBS）的朋友，會將他們上導師指導課的經驗，應用在與部屬的溝通上。

部屬為了不浪費上司的寶貴時間，必須讓會議（洽談）的目的很明確，像是聯絡事項、報告事項、確認事項，以及發生問題時的解決方案等。

另一方面，上司也應該要明白，別說是新進員工，一般部屬也會對於該如何做好交辦事項感到困惑。因此，首先應該將應辦事項細分，並確認部屬能夠理解並執行到什麼程度。之後，要針對已順利完成的部分褒獎部屬，並讓他們思考該如何執行尚未順利完成的部分。

不論學什麼，都要鍛鍊「打破常識」的思考法

在牛津大學，除了能學到其他國家的大學也有的專業領域，例如：醫學、法律、理工學科、經濟學及企管等，還可以研習一些被視為對現實社會沒有立即幫助的學問，例如：修辭學、詩、哲學、神學等。

但是，牛津的學生不論專攻哪種學問，都擁有某種共通的學習經驗，那就是日復一日地鍛鍊打破常識的思考方法。

所謂「常識」，是指在國家及社會裡，被人們廣泛認同應該具備的知識與判斷力。在特定的社會裡，只要依照其常識來發言及行動，就會被視為有見識的正常人。

但事實上，常識會隨著時代的變化，而有不同的價值與意義。「教育是以教師為中心」、「男主外，女主內」、「即使是炎炎夏日，商務人士也該穿西裝」等想法，在

日本曾經被視為一般常識。但近年來，這樣的常識隨著採用「學習者為主體」的上課方式、兩性平等社會的推動、地球暖化、「清涼商務」的普及，而逐漸改變。（譯注：清涼商務〔Cool Biz〕，是指日本政府從二〇〇五年夏天開始，為了減少能源消耗，調高空調溫度，而推行的衣物輕裝化運動，例如穿短袖衣服、不穿外套、不打領帶等。）

懷疑常識的四個步驟

所謂的常識，只是同意的人比較多，並不表示總是合理。一味執著於常識，將會阻礙新的挑戰與創造的產生。

在我留學牛津的初期，曾對於「懷疑常識」感到迷惘。其原因在於，牛津大學正是透過前述的導師指導課等方式，來訓練學生自己設定新的價值基準，建構各自的立論邏輯，跨越常識解讀現實世界的課題，以導出合理判斷。

牛津的教育學研究所（GES）的課程，主要是精選國家、政府、國際機關、非政府組織（NGO）、社會或個人的教育課題，以個案研究的方式進行討論。學生必須事先調查本國的案例，準備自己的分析、方法論及結論，才參加課堂討論。

在牛津大學，我學到了運用以下的方法，對「常識」進行相對比較，來訓練批判性思考。

①試著思考所謂「常識」的「相反」

「不上學就學不到知識」→「不上學也學得到知識」

②批判遵循「常識」的行動

「所有人都必須上學」→「遇到無法上學的情況，該怎麼辦？」

③思考批判「常識」時的對策方案

「在學校以外的地方，運用教育方法學習知識」→「網路授課的可能性」

④新常識的建構與效果驗證

利用數據等，來驗證「網路課程普及」帶來的教育效果。

接下來，我將介紹從牛津賽德商學院畢業友人那裡聽到的例子。

有一次，他率領一群工程師到某個新興國家，進行網路基礎設施調查。在向董監事提出的報告書裡，他從理科背景工程師的觀點、文科背景使用者的觀點、維護管理基礎設施者的觀點，以及地方政府的監督等，進行多角度的分析。結果，引導出最終的建設地點，不是在符合業界常識的「硬體設施嶄新的區域」，而是在「本質服務優異的場所」。

由此可見，牛津教育所培養出懷疑常識的態度，以及用自身力量解決問題的能力，在工作上發揮了功效。

被常識制約，等於放棄機會

當我就讀教育學研究所時，「研究方法論」的教授曾經在課堂上說：**「被常識過度制約，無異就是停止思考。」**這句話迄今仍然令我印象深刻。

我從出生到大學階段，都是在日本接受教育，可說是完全在單方面吸收知識的教育體系中成長。由於考試是在測試閱讀教材，並有效率地寫出正確答案的能力，因此很自然地，我的思考便受限在常識範圍內尋求正確答案。

然而，牛津匯聚了全世界的頂尖菁英，他們來自歐美、亞洲、中東等地，不僅文化不同，價值標準也有很大差異。由於每次上課時，日本的教育常識多半不被認為是正確的，因此有時候無法用來全面支持我的主張。

而且，教授也不採用單方面授課的教學方式，而是徹底引導及歸納學生之間的討論，並且擴大討論的廣度，宛如交響樂團的指揮統御各式各樣的樂器，引領大家奏出美妙的樂章。

但是，我們必須避免盲目地打破所有的常識。舉例來說，「遇到人要打招呼」，便是一種促進人際關係與溝通的全球共通常識。

重要的是，要發現明顯不合理、卻因約定成俗而殘留的常識，並且逐步地加以去除。

沒有道理的慣例，老師不教

不管是在學校或企業裡，都可以看到指導者與學習者之間，有類似以下的對話。

學生或部屬：「該如何回答與因應這個問題呢？」

教師或上司：「這類問題這樣做就行了，一直以來都是這樣做的。」

尤其是在日本的學校或公司，經常出現「一直以來都是這樣做」的說法，意思是指不需要特別的道理，只要依循慣例處理即可。

時至今日，仍然存在許多令人覺得荒誕的事，例如：「即使上課中有不懂的地方，也不可以向教師提問」、「無薪加班是正常的」等。

傳統上，我們通常被教導不要特異獨行，要「服從權威」。在學校、公司等組織裡，「要跟大家一樣」的氣氛更加強烈，有時候人們會毫不質疑地遵守組織的慣例與習俗。

但是，在重視個人主義的西方社會裡，「要跟大家一樣」的想法和意向卻很罕見。在牛津大學，每個人都擁有自己的思考方式，即便提出與他人不同的意見或想法，也會受到尊重。

我站在指導者的立場，思考應該為學習者提供什麼樣的建議。我特別想要針對以下兩點來說明。

教導有道理的慣例

即使是基本的生活習慣，例如打招呼、有禮貌等，以及在學習或工作上被認為必須具備的基礎技能，仍然有許多學習者還未具備。

或許有人會認為，像是遵守約定時間、做筆記方法、傾聽方法等，「這麼簡單基本的觀念也要教嗎？」答案是肯定的，因為要實行被視為理所當然的事，比想像中還要困難。

教導「可以不做」的事

學習者通常最感到困擾的是，自己無法判斷哪些慣例是正確的，哪些是錯誤的。換句話說，就是不知道自己應該做到什麼程度，或是精通到什麼程度。

這時候，指導者首先要明確指示，哪些事情可以不做或是可以不會，學習就能夠順利進行。以下介紹一些實例。

【可以不做的事】

・不必重複做題庫，只要集中加強較弱的部分。

・寫報告時不要蒐集過多的資訊，基本文獻控制在五本以下。

・教師在黑板上寫的東西，不必完全照抄做筆記。

・發表時不按照準備的內容進行也無妨。

【可以不會的事】

・與指導者對話時，不一定要畢恭畢敬，商量事情以清楚傳達為優先。
・做簡報資料，不須使用高深的技術與技巧。
・與留學生討論時，英文不須講得很完美。
・寫畢業論文或報告，不使用學者的寫作風格也無妨。

為什麼學生或新進人員，連基本的人際禮儀與學習技巧都不會？花時間與他們在一起，養成觀察他們的習慣就會明白。總是站在學習者的立場思考，建立可以相互討論對話的關係，比讓他們默默依照慣例來學習或工作更有建設性，而且對於促進個體人才成長、提升組織效率，也都有很大益處。

首先，指導者要抱持質疑慣例的態度：「這很奇怪」、「這不合理」，儘可能具體傳達給學習者。學習者應該不畏懼失敗，創造「掌握機會、積極挑戰」的氛圍。

「學習金字塔」，讓教導是最佳學習

在牛津大學的教育方法論課堂上，教授在黑板上畫出一個像金字塔的圖（請見第三十九頁的圖表1）。

這稱為「學習金字塔」（Learning Pyramid），顯示出不同的教導型態與學習方法，能讓聽講者從課堂或研習會中學習到的內容，在半年後還殘留多少。

如果學習者只是在課堂或講習中聽講，整體內容在記憶中僅殘留五%。若用閱讀的方式，殘留一〇%。透過視聽教材學習，留下二〇%。藉由科學實驗（示範／操演）學習，則還有三〇%。可見得運用這些傳統的學習法，學習平均保存率（知識保存率）都非常低。

相對地，請見金字塔圖的下方。在「團體學習」這一層，「小組討論」與「實作演練」的學習平均保存率，分別是五〇%、七五%。最令人意外的是，最能夠保存知識的方法是「教導別人」，學習平均保存率高達九〇%。

請各位讀者試著回想，在學校、職場或研討會中學到的東西，現在還有哪些留在記憶裡？透過講課形式學到的東西，很不幸地，恐怕幾乎都已經忘光了。

換句話說，在學校教育或是單方面講授的研討課程裡，學習者越被動，越無法吸收知識與內容。然而，各式各樣的研究結果都顯示，在教導他人時，知識與內容能夠在記憶中殘留較長的時間。

不管是對於小朋友、學生或是社會人而言，「教導他人」都被稱為「**同儕支持**」（peer support，意指面臨類似問題的同伴相互支持），是一種獲得知識非常有效的方法。

如果採用「同儕支持」的機制，學習者參與課題或專案的動力會飛躍地提升，平均記憶率也會增加。這可以提升學習效率，以及減少上課或工作中的私下交談。

當指導他人時，對於學習者請留意以下五點：

圖表 1 **學習金字塔**

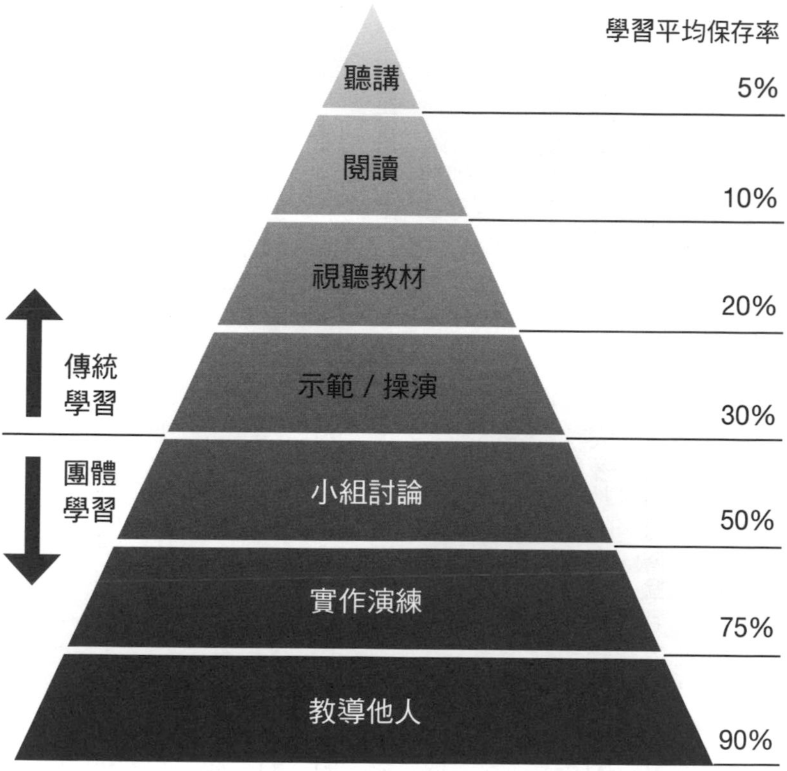
學習平均保存率
聽講
5%
閱讀
10%
視聽教材
20%
傳統學習
示範 / 操演
30%
團體學習
小組討論
50%
實作演練
75%
教導他人
90%

①讓學習者寫在紙上

指導者往往不知不覺地將學習內容轉化成話語或圖示，撰寫在紙上來教學。但是，讓學習者自己撰寫，能夠培養他們「深化知識的習慣」。

②讓學習者嘗試用自己的話語表達

給予學習者一段時間，讓他們用自己的話，陳述已寫在紙張或筆記本上的內容。這時候，不需要在意遣辭用句與說話方法，而是要維持氛圍，讓學習者能夠抱持自信來發言。

③適度休息與補充能量

如果讓學習者重複進行①、②項目，大多數的人會感到疲累，因此請規畫時間讓學習者定時休息。透過深呼吸與伸展活動，讓氧氣傳輸到大腦，以及攝取適當的水分與甜食，都是必要的。

④限定學習者的學習內容

不可以在有限的時間內，教導學習者過多內容。要事先將最重要的事項，區分為三種程度。不讓學習者一次記憶大量內容，少量漸進的教學比較容易記住。即使無法一次想起某種知識的全部內容，從其中一部分開始回想也比較簡單。

⑤連結學習者已知的知識

要讓學習者吸收新知，最好使學習內容與已知事物產生關聯，以幫助記憶。促使學習者自己下工夫，將已知與新知連結起來。

例如，利用辭源、發音、雙關語等手段，來幫助聯想。另外，改編小時候學過的歌詞等，也很有效果。

教師或上司總是想讓學生或部屬，在短時間內儘量學習很多東西。但如果不考慮對方的步調與情緒，只是一味地指導、傳授，反而無法在他的記憶中留下任何東西。大膽地讓對方累積「指導學習者」的經驗，使他學得必要知識，才是捷徑。

遊戲的心情，體驗西式「深度匯談」

在牛津大學上教育哲學的第一堂課時，發生了一段插曲。

一開始，教授指示我們三人分組入座，針對「何謂教育」進行討論。不只要對題目發表意見，還要互相批評對方。首先，由第一個人闡述教育的定義，接著第二個人批判第一個人闡述的定義，之後第三個人再批判前兩個定義。在大約三十分鐘的時間內，反覆進行這種辯論，結束之後，全班再一起討論剛才各自辯論了什麼。

很不幸地，我進入最棘手的那一組。其中一個同學是英國人亞歷克斯，他出身公學（public school，譯注：英國的一種私人學校，學費昂貴，而歷史悠久的公校培育出的學生，日後多半成為各領域的菁英），在牛津大學最有名的基督堂學院（Christ Church，電影《哈利波特》的舞臺）主修數學。另一位則是來自墨西哥、正展露頭角的新聞記者犖瑟羅，他總是思緒冷靜且眼神銳利。

首先，亞歷克斯先口若懸河地闡述他對「教育」的定義，並且神情自豪地呼應自己的人生經驗，但無論怎麼聽，都讓人覺得他是在自豪。接著，犖瑟羅對於亞歷克斯闡述的定義，一項一項嚴厲批判。我想這應該是發揮記者的專業。

最後，輪到我對他們的定義提出批評。那時候我實在是太拚命了，因此幾乎不記得自己說了什麼。但直到現在，這樣的經驗依舊深刻烙印在我的記憶中。

透過以上的課程，我了解到：針對某個主題互相批判，不僅可以深化整體的議論，還能夠進入更高層次的問題意識。這種思考方法，來自古代希臘的「深度匯談」（Dialogue）。

保持愉快的心，激盪出精闢的意見

在日本，每個人從小開始，經常被灌輸「不可以當面批評他人意見」、「以和為貴」的想法。在這樣的文化中成長的人，對於批判他人似乎總是有些抗拒。

我將前述的方法實際運用在自己的課堂上，同樣地讓學生定義「教育」，並且相互批判。但是，每次一定會有學生感到疑惑，向我反應：「真的要這樣做嗎？」

無論如何，我先讓學生進行五分鐘，然後在辯論途中，說明進行這個課題的三個前提。

・以認真的態度面對課題

・批判是為了深化辯論

・以遊戲的心情享受過程

如此一來，一開始顯得吞吞吐吐的學生，比較能放開顧慮，大方地互相批判。在大約十五分鐘的相互批判與討論結束之後，我會挑選兩個人，在大家面前發表批判的實際過程。

最後，我再補充說明，在批判他人意見時，有幾個有效的方法。

①首先，仔細聆聽對方發言，並虛心接受。
②不批判對方全部的意見，而是明確闡述自己同意與不同意的部分。
③然後，只批判對方意見中自己無法認同的部分。
④最後，對於自己批判之處，一定要闡述相對的建議。

結果如何？最初對於批判對方意見感到遲疑的學生，竟然變得能夠明確批判他人，並且在討論時充滿動力。

4個祕訣，讓你面對批判不情緒化

如果不習慣批判，很可能無法清楚掌握批判他人「意見」與「個人」的分際，也就是對事不對人。

「對事」是屬於有建設性、有意義的行為，但是「對人」可能涉及人身攻擊。所以，應該先讓學習者明確了解兩者之間的巨大差異。

如同運動有其規則，在討論與辯論中批判他人意見時，也有既定作法。假如欠缺這個部分，討論與辯論就會淪為單純的吵架與無意義的爭吵。

另外，批判對方時得理不饒人，也可能使得討論毫無進展。當對方很明顯不知該如何回答時，留一些餘地是很重要的。

例如，在批判時，以「或許我的想法，在某方面有不足之處……」做為開場白，預先給對方反駁的餘地。

主管與部屬之間，有時候會有激烈的意見衝突。尤其是當上位者陷入情緒化時，會使得下位者不得不收斂，而無法做到有效的批評。

因此，主管必須培養控制情緒的技巧。當我情緒快爆發時，會注意以下四點。

①不立即回答：請對方給一點時間，取得五分鐘左右的緩衝。

②稍微閉一下眼睛：眼睛與嘴巴一樣會說話，儘量不讓對方察覺自己的情緒。

③在心中吶喊：在做①與②的動作時，緩緩在心中吶喊三次：「我生氣了！」

④靜靜深呼吸：深深吸一口氣，再花一分鐘慢慢吐氣。

文筆敘述要清晰，段落寫作來幫忙

我們撰寫文章時，經常被提醒要注意「起承轉合」。「起承轉合」這個模式，原本是從漢詩中的「絕句」發展出來。必須注意的是，儘管「起承轉合」在寫故事或詩詞上是有效的表現方法，但是不適用於實用性的文章，例如符合全球標準的論文與報告書等。

我有一些牛津時代的英國朋友在日本的大學任教，他們都是用英語傳授自己的專業知識，而學生也必須用英文撰寫報告。這些以英語為母語的教師表示：「日本學生寫的文章，不論是論點或論述方法都很曖昧模糊，讓人很難了解究竟想要表達什麼。」

當我在美國與英國留學時，老師也曾對我說過同樣的話，而且次數還不少。其實，這不只適用於學生寫英語文章時，即便用母語寫作時也是如此。

將段落寫作法套入文章中

我指導學生寫報告時，經常要求他們使用「段落寫作」（Paragraph Writing）的方式。這裡所說的「段落」，並非指「換行，空兩個字再開始寫」而已。文章的組織方法有規則，撰稿時因應規則進行，就能寫出易讀易懂的文章。

「段落」是決定文章品質的關鍵。重點在於，寫出讓讀者只要閱讀各段落的開頭數行，就能夠大致把握作者主張的文章。

運用「段落寫作」來寫文章時，應該遵守「提示主張或主題→具體化說明」的順序。雖然有些人寫文章時，會按部就班冗長敘述，可推導至理由或結論的來龍去脈為何，然後才做結論，但是讀者不讀到最後，就不知道作者到底想要說什麼。不僅如此，讀者還得在不知道作者想要表達什麼的狀態裡，邊探索邊閱讀才行。其實，應該如圖表2所示，在第一個段落先提示整篇文章想要傳達的主張。

第一段的目的，是提示主張、說明主題，以及概述整篇文章，也就是在提示主張之後，簡要說明往後各章節的內容。如此一來，讀者能夠在理解文章全貌之後，繼續閱讀。然後，撰寫者從第二段開始，提出能夠支持主張的證據與理由。

段落寫作的基本原則，就是在最初的段落明示主張，然後從第二段開始，陳述具體的說明或理由。而且，在往後各個段落的撰述中，也要採取「提示主題→具體化說明」的結構。

換句話說，在一篇文章裡，或是在一個段落中，都要存在「提示主張或主題→具體化說明」的關係。

一個段落闡述一個主題，不多也不少

要寫出深入淺出的文章，「一個段落敘述一個主題」至關重要。因此，一定要先在各段落的開頭提示主題，然後詳細說明。如此一來，讀者就能夠掌握作者想要在該段落闡述的事項，再以此為基礎來閱讀說明的部分，會比較容易理解。

圖表 2 文章的結構

文章

- **第一段**
  - 主張的提示
  - 主題的說明／文章整體的概要
- **第二段**
  - 主題的提示
  - 具體化、說明
- **第三段**
  - 主題的提示
  - 具體化、說明
- **最後一段**
  - 結論

在建構一個段落時，應該注意以下三個規則：

①一個段落只敘述一個主題。

②一個主題在同一個段落中處理，避免相同的主題又在其他段落中出現。

③在每個段落的開頭，明示該段落要闡述的主題，並簡述內容。

為了讓讀者留下強烈印象，表現的工夫與有效果的修飾確實有必要，但是先決條件是要先建立明確的段落結構。

「作者視線」閱讀術，迅速讀深又讀通

如同前面「導師指導課」篇幅所提及的，在牛津大學念書，必須具備在短時間內精讀許多書籍與論文的能力。

牛津大學有一座排名全英國第二、僅次於大英圖書館的「博德利圖書館」（Bodleian Library）。博德利圖書館位於大學街的正中心，而牛津的代表性建築物「瑞德克利夫拱形建築」（Radcliffe Camera），就位在博德利圖書館的一角。

博德利圖書館擁有五百萬冊以上的藏書，其中包括中世紀的手稿、樂譜、商業交易紀錄等。在它的入口處，二十四小時都有警衛駐守，嚴格防範可疑人士的入侵及竊盜。

進入博德利圖書館之後，映入眼簾的是宛如中世紀繪畫當中的古典內裝、難以數

計的房間彼此相連，被整齊陳列的藏書所包圍。在沉穩安靜的氛圍當中，學生拚命念書。

我只要有時間，經常待在博德利念書。由於想閱讀的書與有人氣的書籍總是已被借出，因此學生會一次拿很多書，在堆得像小山一樣高的桌前默默閱讀。就在這樣持續不斷的過程中，學生培養出一種閱讀方法。

接下來，我介紹一種能夠在短時間內，有效率且正確閱讀邏輯性文章的技巧。論文或報告有一定的「形式」，與故事或小說不同。只要了解這個形式，就能夠取捨及選擇重要部分來閱讀，並且避免誤解，正確掌握內容。

了解寫作思維

當撰寫文章時，必須進行「試誤」（trial and error）。撰寫者要一邊思考各式各樣的問題與條件，一邊反覆書寫，並從許多選項中選擇最佳的文句與表現，然後將最滿意的成果，轉化成文字呈現出來。如果讀者在閱讀時，可以時時確認試誤的過程，就能夠準確掌握作者想要傳達的意念。

怎樣才能站在撰寫者的立場來閱讀？我建議依照以下的步驟：

①先看標題與副標，確認文章要闡述的內容。

②仔細閱讀引言的部分（文章開頭的前一、二行）。

③閱讀各項目的開頭三至五行。行數僅供參考，目的在於找出主題。

④為了確認在步驟③是否誤解內容，先閱讀各章節的結論。當與自己的理解不一致時，重新回到步驟③。

⑤選擇重要部分仔細閱讀。必要時，也可以從頭開始依序詳讀。

在閱讀含有某些主張或邏輯證據的書籍時，不可以只是漠然地從頭讀到尾，必須了解這本書主要陳述什麼內容，並以此為基礎來選擇應該重點閱讀的部分。因此，改變閱讀方式，將一本書讀兩遍最有效。第一次快速瀏覽整體內容，第二次選擇重點詳細閱讀。

請參考本書第五〇頁的圖表2。

具有邏輯性內容的書籍，是依照「主張、主題的提示→具體化說明」的順序來撰寫。因此，只要知道主張、主題，就能夠大略掌握作者想要傳達的內容。

一拿到書之後，首先看目錄，確認構成這本書的各個章節標題，在開始閱讀之前，先掌握邏輯將如何展開。接著，仔細閱讀序章與終章，因為其中不僅含有作者的主張，還簡要陳述了此書的全貌，閱讀這兩個部分可以抓住作者的重點主張。

然後，概略瀏覽整本書。在附有小標的部分，閱讀開頭的三至五行，確認主題。如此一來，在閱讀細節之前，就已經了解整體內容的來龍去脈，能夠避免不必要的誤解。在了解全貌之後，仔細閱讀那些看了主題仍無法確知意義的部分，以及自己認為重要的部分。

挑戰深奧難解，也能培養耐力

我在牛津大學留學時，除了主修的教育學相關書籍之外，還必須跨領域閱讀社會學、歷史、心理學等著作。特別是內容深奧的哲學書籍，有時候我花了幾小時，也只能看完幾頁。

這些書籍的內容從容易理解到完全無法掌握，可說是多種多樣。不只是我，其他的牛津學生也面臨這種狀況。即使無法完全理解深奧的內容，但是花幾小時閱讀、拚命理解，還是能夠得到一些收穫。

累積閱讀經驗，不僅可以學得有效的讀書方法，還能夠培養耐力。而且，這樣的耐力可以活用於實際的研究與工作。

斥責與追蹤配套做，培養耐操人才

任何人被強烈斥責或告誡之後，都會心情低落。尤其當對方沒有遵守規則或指示，或是沒有達成目標，就責怪他「被罵也是應該的！」對方就會越來越萎靡不振。一般來說，「發怒」與「斥責」是不同的。發怒是自己對於對方的一種情感「反應」。相對地，「斥責」是以告誡對方為目的，而其中一個方法是讓對方「應對」自己的情感。

在各種媒體上，可以看到許多斥責與告誡的方法，我基本上同意以下幾點：

- **不在眾人面前斥責。**
- **只針對過失，不可以涉及人格。**

・以同一標準，公正公平對待所有成員。

・不同時斥責許多事項（一次告誡最多兩項）。

在牛津大學留學時，我曾經因為論文的寫法與口頭報告的方式，被指導教授斥責與告誡。現在，我身處告誡學生的立場，在斥責的當下，有時候會情緒激動到想要大聲怒吼，這時候除了上述幾點之外，我也會留意以下幾點。

感到情感激昂，立刻默數讀秒

毫無節制地發洩自己的情緒，反而會造成反效果。如果發覺自己的情緒已經快要爆發，請在心中慢慢默數十秒後再開口。當怎樣也無法壓抑住情緒時，就先暫時離開現場，等過一段時間後再來斥責。

人有各式各樣的類型，不管怎麼口頭告誡，若對方沒有反省之意，就沒有意義。重要的是，要增加「斥責」的型態，找到適合對方的方法。

- **對方講藉口時，什麼也不說，看著對方的眼睛輕輕點頭。**
- **斥責完畢後，自然地將手放在對方肩上。**

如果做到這些動作，即使斥責也能讓對方感到安心，並對你產生信任。

另外，也有不直接斥責對方行為，而是婉轉表達的方法。

我自己遇到的情況是，連續好幾天念書、寫報告到很晚，便會不小心在上午的課程遲到。當我展現出很不好意思的態度進入教室時，牛津教授的動作令我印象深刻。他沒責怪我，而是微笑地指著空著的位置，比了個手勢請我入座。

課堂結束之後，我向教授道歉，他卻說：「我知道每位學生每天都讀書到很晚，但是請保重身體」，甚至還對我表達關心。

由此可知，要斥責對方的行為，有時候不須用語言來諸多告誡，以寬容的態度來對待，反而更有效果。

不是罵完就算了，持續給予安慰與關懷

對於任何人而言，被斥責都不是件愉快的事。如果光是罵一罵就結束，雙方會一直陷在尷尬的情緒當中。因此，在斥責的同時，表達對對方的期待，以及褒獎對方的優點，讓他產生「再次挑戰」的心情，最後以積極正面的情緒來結束溝通，是非常重要的。

舉例來說，告訴對方：「你要更加注意周邊事務。你很有專注力，但如果能夠多關注一下周遭會更好！」也就是先斥責、後關心。

當社會越來越富裕，學校課程越來越自由輕鬆，導致最近有越來越多的新聞報導，「心靈容易受創」的學生與社會新鮮人逐年增加。即使只是指出對方在工作上的缺失，也會有人隔天就提出辭呈。到底該如何面對這樣的人？另外，你會因此向對方道歉，說昨天自己罵得太過分嗎？

應該斥責時，卻因為對方心靈容易受創而默不作聲，對對方也不是件好事。因此，可以採用以下的方法，來對待「心靈容易受創」的人。

①首先，準確傳達斥責對方的問題點。以此為基礎，仔細傾聽對方的理由，並明確傳達認同的部分。

②對於對方後悔、悲傷、空虛的感情，可以感同身受。

③除非情況特殊，請控制在五至十分鐘之內。

④在斥責的過程中，注意自己的遣辭用句。

不可以說「如果當時這樣做就好了」、「下次要這樣做」等，而是要說「這樣做我會很開心」、「這樣做真是幫我一個大忙」等。重要的是，向對方傳達自己的情感，而不是命令對方。

⑤最後一定要褒獎對方，讓對方懷抱希望。

要培養不屈不撓的人才，很重要的是斥責後一定得進行後續關切，讓對方相信「要積極正面接受挫折」、「自己可以做到」。

而且，斥責後的隔天或是下次見面也很重要。如果對方主動打招呼，可以讚美他「很有精神呢」，或是聊聊「棒球隊表現如何」等，彷彿什麼事都不曾發生，便能建立良好的人際關係。

假如自己再怎麼訓斥，對方也聽不進去，就請他最尊敬（畏懼）的人來代替自己告誡，也不失為一種良策。

起步

本章重點

- 一對一才能相互提升彼此的實力。
- 不想錯失機會，就要打破常識。
- 從道理開始思考工作的效率化、價值的最大化。
- 教導正是最佳的學習。
- 只批判對方的意見。
- 了解書寫的思維，深化閱讀能力。
- 斥責與激勵，永遠要搭配運用。

第1堂課

統御力：
引導個人與組織邁向成功

不是領導者也需要統御力

「統御力」是指統合、率領多數人的能力及其素養，也可以稱作「領導力」。當兩個人以上的團體打算著手某件事之際，需要有領導者做出最後決定，並且負起責任。

我們被問到誰是「領導者」或「指導者」時，通常腦海中浮現的都是組織的領袖、展現最佳業績或成果的人、提出正確見解的人，以及受人尊崇喜愛的人。但是，在現實社會中發揮統御力的人，不一定只限於上述這些對象。

「位高任重」是統御力的來源

在牛津大學的教育方針中，領導者的養成廣受人們稱頌。實際上，歷代的英國首相，如柴契爾夫人等，有很多人都是牛津的畢業生。而且，現今活躍於世界的菁英校友，更是不計其數。

牛津的領導力有個明確的共通點，就是「位高任重」（Noblesse Oblige），意指「身分高尚的人應該擔負的義務與責任」。其核心意義在於，位居國家或社會高位的人，之所以被允許享受高額收入與高貴名譽，正是因為他們承擔著指引大眾正確方向的責任與義務，甚至不惜犧牲自己。

直到現在，在牛津大學校內，仍然傳頌著第二次世界大戰時，年輕學子勇赴戰場為國捐軀的事蹟。當時，以學生兵身分參戰的牛津學生，多半出身於社會菁英階層，例如：名門望族、富裕人家、藝術世家等。展望現今世界，擁有「位高任重」品德的菁英又有多少人？

確實，隨著時代的變化，「位高任重」的意義也逐漸轉變。簡單地說，我認為這種品格具有三項特質：

①理解自己的社會角色與責任

不只為了職務，而且為了社會，抱持貢獻一己之力的想法。

②對所有人都一視同仁

與自己的上司和部屬相處時，言行舉止都能恰如其分。

③心胸寬大且深具忍耐力

對人總是態度溫和有禮，並且能為他人忍辱負重。

接下來，我們見識一下「位高任重」的領導者「統御力」的本質。

成員程度不一，怎麼培育怎麼教？

團體指導有5種基本方法

在牛津大學等世界頂尖大學裡，必定有一些知名教授。舉例來說，以「正義：一場思辨之旅」課程，廣為人知的哈佛大學教授邁可．桑德爾（Michael J. Sandel，譯注：一九五三年生，牛津大學博士，美國政治哲學家），便是透過有趣案例，淺顯易懂地說明艱深難懂的政治哲學，使得修課人數暴增，人氣高到有時候連上課內容都聽不到。現今，桑德爾教授的課程已經數位化，透過網路擴展到全球各地。

由此可知，要成為組織的領導者，必須擁有在眾多群體面前，侃侃而談與有效指導的能力。

當指導的對象為團體時，由於學習者的程度參差不齊，指導者無法總是採用個人指導的方式，像是父母親檢查孩子功課、上司教育部屬，因此會碰到一些困難。指導者應該以什麼或是以誰做為基準，來指導整個團體？這確實令人頭痛。以下介紹五種基本方法。

①配合多數人的步調

在從事團體指導之際，經常遭遇的問題是，已具備某種程度的人可能認為指導的內容過於簡單，但相反地，知識不足的人卻覺得過於困難。遇到這種情況時，要以多數人的程度為基準，繼續維持下去。因此，首先必須事先正確掌握多數人的程度。

②不忘記關切少數人

在團體中，頂尖的人與吊車尾的人是兩個極端，儘管人數較少，但仍然占了數個百分比。如同前述，配合多數人的程度確實很重要，但也不能忽視少數人的意見。

在這種情況裡，對於「最優秀學習程度」的人，要傳授能測出他們實力的高難度內容，並給予最大限度的自主性。也就是說，「會的人」多半擁有自己明確的學習風格，因此只需要告知教學方向與該研讀的書籍。

對於「最低學習程度」的人，必須在平常的團體指導之外，另外設定時間，從基礎開始徹底指導，因為他們若總是被遠遠拋在多數人之後，會產生自卑感，而降低了學習的動機與欲望。

③利用小組互相學習

當團體規模較大時，分成小組來進行學習會比較有效果。如果指導者一直單方面教導，當學習者人數越多，集中力就越無法持續，於是有的學習者半途便覺得乏味。為了儘可能促使每個學習者成長，必須將大團體分成數個小組，同時創造彼此交換意見的機會。

此外，在小組裡安排領導者，更可以有效促進學習。如此一來，各個小組之間會產生緊張感，並且互相競爭、彼此學習。

④掌握小組的溝通能力進行指導

特別是進行小組指導時，必須注意參加者的傾聽與說話能力。指導者要讓學習者遵守以下規則：

「傾聽」時

- 面對正在說話者的方向，傾聽到最後。
- 邊傾聽邊確認對方想表達的事項（要點）。
- 邊傾聽邊留意對方的感覺，並做出適切反應（例如隨聲附和等）。

「說話」時

- 用單字、一句話述說想傳達的事項（要點）。
- 一併述說想要傳達事項（要點）的目的與理由。
- 留意對方的感覺，設定順序，淺顯易懂地描述。

⑤不忽略談話走向發生轉變的瞬間

在團體中，有時候明明和樂融融地談話，卻突然轉變成嚴肅話題。這是因為談話都蘊含著「走向」，所以必須隨著當時的氛圍，轉換成適當的應答方式與表情。當遇到以下狀況時，要切換談話的模式：

- 對方的表情突然變得認真（或有笑意）。
- 會話突然中斷、陷入沉默。
- 正在說話的人視線開始游移不定。
- 頻繁聽到許多人發出咳嗽聲。
- 談話接近尾聲，進入話題的結論。

在小組裡，成員的互相影響能夠提升學習欲望，彼此認同想法，並且培養出朝向指導者所設定目標前進的學習態度。另外，必須下工夫掌握全體成員談話的走向，依據狀況調整自己的說話方式。

3種作法為自己樹立品牌、賦予價值

牛津大學有一個學院可以授予MBA（企管碩士）學位，那就是「賽德商學院」。雖然我的主修領域不是企業管理，但是我在學期間有幸與許多MBA學生交流，直到現在都還會聯絡。

賽德商學院與美國知名商學院（例如哈佛商學院）一樣，集結來自全球各地的菁英，其中多半是律師、會計師，以及頂尖企業的董監事等，都擁有專業背景。

與賽德商學院的朋友聊天時，我發現不管是在企管或是其他領域，為了在課堂等各種場合裡展現自己，都必須積極發言，取得主導討論的地位。事實上，不只是在課堂上，平時與人交往或是參加團隊合作時，展現自己的價值都是很重要的。

相信自己的價值

不只是賽德商學院的學生，牛津大學的學生基本上都在嚴苛的學習生活中，自然學會提升自身價值與品牌效果的技術。對此，我個人特別留意以下三點：

①認同並珍惜天生的性格與素質

每個人的性格各有不同，有人內向、有人擅長社交。在某種程度上，這是自己可以掌握的。首先，必須坦率地認同自己的素質。然後，訓練自己擁有靈活因應的彈性，能夠依據時間、地點及狀況來調整自己的特質。

②事先做好準備，隨時都能有效自我宣傳

為了能隨時隨地精簡介紹自己的專業、擅長領域、性格、嗜好等，要事先做好準備。而且，不斷重複展現之後，就能越來越精準地表現自己。

③與他人誠實以對

不要總是一直強調自己的事情，也要關心對方，用誠懇的態度交往。

牛津人無論跟誰都能攀談

不只在牛津大學，英國的街道上到處都有小酒吧（ＰＵＢ）。相較於日本的居酒屋，小酒吧是任何人都能獨自輕鬆進出的場所，而且具有餐廳的功能，提供所謂的「ＰＵＢ餐」（譯注：小酒吧是英國文化的象徵之一，原以飲酒為主，一九〇年代逐漸導入餐廳的概念，提供炸魚、薯條、漢堡、牛排等餐點）。我和同學經常光顧小酒吧。一到週末，學校附近的小酒吧總是充斥著牛津大學的學生。

牛津大學同學會的聚集方式，與其他頂尖大學不太一樣。美國的大學多半以ＭＢＡ等專攻領域為單位來舉辦聚會，而牛津則是以「一整個牛津」為社群來凝聚學生，與學科或專攻領域完全無關。

在牛津的同學會上，因為畢業生的專業領域與入學年度變化多端，所以幾乎看不到上下關係或人際關係上的阻礙羈絆，還經常會出現「居然能遇到這麼厲害的人！」這種驚喜。而且，大概也只有牛津人，一旦彼此結識，下次見面時不用透過祕書等中間人，就會熱心友好地接待。

牛津同學會的內容，不僅是交換當今政治與經濟的資訊，還經常談論「世界應有的樣貌」、「人類良好生存方式」等哲學性的話題，這正體現出牛津人不忘記「位高任重」的特徵。

一般來說，生性內向的人參加宴會等眾人聚集的場合，通常會感到不安、躊躇不前，結果往往只與一起前來的人交談，或者孤單一人。

相對地，牛津人擁有在人群匯聚之處，馬上找到談話對象，自然融入其中的技術。這種習慣可以培育出社交與領導能力，未來在商業或學術場所裡，凸顯自己的存在價值。

循序漸進，自然融入人群

在見識過牛津人的社交行為舉止之後，我發現能讓自己在別人心中留下印象的人，具有一些共通習性。

首先，重視第一印象。如果可以讓初次見面的人留下好印象，之後的溝通就會很順利。

以下是我在牛津大學圖書館內發生的小故事。為了尋找一本想讀的書，我詢問館員：「Tell me where I can find this book?」（告訴我這本書在哪裡？）但是，館員不回答我，我再問一次，他還是不回答。

當我正感到納悶，準備開口問第三次時，排在我後面的學生小聲地說：「請加個『請』（please）」。我頓時恍然大悟，急忙說聲「請」，館員立刻綻放微笑，告訴我要找的書在哪裡。

當然，第一印象的好壞非常重要。良好的溝通是從基本的打招呼開始，一點都不誇張，這其中包括「早安」、「午安」、「晚安」，以及「謝謝」、「對不起」等表達謝意或道歉的話語。

尤其是有事拜託對方時，不管彼此是否為上司與部屬的關係，都應該注意遣辭用句，而且最後要說一聲「謝謝」。

做好上述的基本功之後，進一步在與對方的談話中，發現共通點、延伸話題，必定深具效果。可以試著從對方的基本資料、裝扮、興趣，以及說話方法（例如：談吐、腔調等），找出共通點。

要在團體中讓人留下印象，應該從一個人開始逐步與多數人建立關係。團體的規模可以從少數人到多數人。由於很難一次就讓很多人對自己留下印象，因此首先要與團體的每個成員，深化彼此的信賴關係。

在自己身處的組織裡，儘量與不同職種的人交流，有助於提升溝通能力。邀請對方一起用餐或喝茶，便是一個方法。

關鍵在於，不管對象是個人或公司，「信用」（遵守承諾）都是最重要的事。舉例來說，A先生總是在約定時間之前五分鐘就到達，是一個絕對不會遲到、值得信賴，或是認真將每件工作做到最好的人。這樣建立他人對自己的印象，並加以維護，就能培育自己的品牌力。

凸顯自己與他人不同的特點

確認自己具備的技巧、在公司所屬業界中絕對不輸人的強項。舉例來說，在大學裡，有的人在研究室裡掛上學位證書或獎狀，彰顯自己的實績。光是這樣做，就有助於展現自己的專業性。

事實上，根據某項研究結果顯示，醫師或醫護人員在醫院裡掛出自己的專業證照之後，遵照醫護人員指示的患者比率立刻增加三〇%。

當你身為領導者要建立自身品牌時，第一個訣竅就是要慎重思考，希望周遭的人怎樣看待你。然後，透過外型與性格的變化，實現自己目標中的形象。這是一種強力手段，能讓他人認同你的統御力。

要明快責罵、誠心讚美，但怎樣做才對？

美國的教育心理學家羅伯特・羅森塔爾（Robert Rosenthal），在一九六四年提出「**皮格馬利翁效應**」（Pygmalion Effect，譯注：又稱作「期待效應」），意指「人具有一種會努力達到被期待成果的傾向」。

相反地，如果不受到期待，老是被數落：「你做不到、你不可能」，就會失去動機或是興趣，好像一語成讖，成績真的一落千丈，這叫做「**葛林效應**」（Golem Effect）。

在學校、職場或家庭裡，也經常聽到這樣的負面話語：「現在這種世況，即使努力也無法圓夢」、「你的能力只能做這種程度的事」。

在我十幾歲時，學校裡有很多教師崇尚打罵教育，體罰與言語暴力可說是屢見不鮮。現在，雖然這樣的風潮已逐漸消失，但人們偶爾還是可以在新聞當中，看到教師體罰學生的報導。

由此可見，在實際的社會與組織裡，很少人因為受到皮格馬利翁效應所影響，讓自己的能力開花結果，反而大多數人會因為葛林效應而失去幹勁。

因此，為了指導並促進組織成員成長，領導者首先要養成讚美成員的習慣。

貼上負面標籤，太主觀

此外，「貼標籤」也會對人的心理造成很大影響。「標籤」原本是指「商品名稱」，但現在也意味著對特定人物單方面給予主觀評價。

舉例來說，媒體總是稱二十多歲的日本人為「寬鬆世代」（譯注：指接受寬鬆教育的世代，普遍學力低下、溝通能力差）、三十多歲的人為「依存世代」（譯注：這些人不反抗組織，但協調意識薄弱，對於升遷或成長不感興趣，卻又不肯辭掉工作）、四十多歲的人為「泡沫世代」（譯注：他們就讀大學與投身職場時，日本經濟達到頂峰，但泡沫經濟崩潰後，依然懷念泡沫經濟的美好，被批評工作態度和認知跟不上時代），而六十五歲以上的人則為「團塊世代」（譯注：指戰後出生的第一代，為了改善生活辛勤勞動，支撐日本社會與經濟成長），並且大幅報導世代之間的價值觀差異。

然而，隨著標籤逐漸滲透人心，出現了許多成見。人們看到二十多歲的人，就認為他「因為是寬鬆世代，所以做事步調很慢」；看到四十多歲的人，就認為他「因為是泡沫世代，所以喜歡奢華」等，於是整個世代的人很可能都被貼上標籤。

以年齡來區分組織成員，並貼上負面標籤，會導致被貼標籤的人認為「反正我是〇〇世代」，便這樣看待自己，於是大大損害了彼此的信賴。

相反地，透過語言表達對某人有很大的期待，是很重要的事。我留學牛津大學期間，也曾經因為指導老師的一句話，提升了撰寫論文的自信。當時我就讀博士班第一年，因為還沒完全弄懂英國式論文的寫法，而吃足苦頭。

指導老師閱讀我的論文，經常表示：「你的論點很曖昧，不知道到底想要表達什麼？」有時候，指導老師甚至只是搖一搖頭，就把我寫的論文丟在地上。

此後過了一些時日之後，某天我把自認為「寫得很好」的論文，拿給指導老師過目，終於獲得正面評價。

「你目前為止提交的論文當中，這是寫得最好的一篇。」

「就照這個情況繼續寫，這樣一定能完成博士論文。」

如果指導老師沒有這麼說，應該就沒有現在的我。直到現今，這些話語仍深刻烙印在我心裡。

平時正向而嚴厲，關鍵時刻由衷讚美

在培育小組或團隊成員時，斥責與讚美是領導者不可或缺的責任。如同前文所述，「透過讚美促使對方成長」，是指導上非常重要的要素。但是，在實際情況裡，總有無法避免要斥責成員的時候。

就像本書第五十七頁中提及，在培育人才時，很重要的是建立能讓對方正面接受嚴厲斥責的信賴關係。

因此，指導者與學習者相處時，首先必須對他們懷抱興趣、關心及感情，並透過順暢的溝通來強化彼此的羈絆。

由於存在著羈絆，即使主管因相信部屬會成長，而加以嚴厲斥責，部屬也會認為主管的斥責是為了自己好。而且，部屬在重要時刻受到主管真誠讚美，也會感到無比開心。

優秀的領導者，培育優秀的追隨者

要透過團隊來推動工作，不僅需要有領導者，而且他得具備整合及控制組織的能力。

但是，不可能團隊成員全部都擔任領導者。如果每個成員都是領導者，會造成指揮系統混亂，反而無法解決問題。

當團隊或組織推動工作之際，負責輔佐領導者的人，即部屬等「追隨者」，也扮演著重要角色。

不管是在企業或是大學，位居組織高位者都被要求具備「領導力」，而負責輔佐、協助領導者的人也得具備「追隨力」（followership）。

牛津的運動選手文武兼備

牛津大學的菁英不僅在學問方面表現出眾，也同樣重視運動家精神。我在讀書之餘，時常參觀學校社團的練習與比賽。儘管牛津大學有各式各樣的運動校隊，例如網球、划船、板球等，然而橄欖球隊最特別，即便不熟悉橄欖球的人，也會覺得十分有看頭。

牛津大學的橄欖球隊與劍橋大學並駕齊驅，集結英國大學中首屈一指的選手。其中特別活躍的人，會被賦予「Blue」的稱號，受到眾人的讚賞與尊敬。

不只是橄欖球，所有需要團隊合作的運動，都需要高度的組織策略與嚴密的角色分工。

舉例來說，球隊中有主要負責搶球、傳球、踢球及觸地得分的選手，唯有進攻與防守絕妙合作，才能夠引導團隊迎向勝利。

追隨者的角色與培養方法

在組織中擔任追隨者的人，需要具備什麼樣的素質？我認為，以下五個基本態度不可或缺：

①定睛團隊目標，堅守自己的崗位，擔負責任。
②準確掌握領導者的指示，並切實執行。
③為了強化團隊成員的合作體制，時時保持自制。
④總是留心避免會干擾團隊合作或譁眾取寵的行為。
⑤創造開朗氛圍，成為激勵士氣的人物。

為了透過團隊來推動工作，領導者很重要的工作是，要評估追隨者的實力，並且創造出達成目標的欲望，以及成員的相互信賴關係。

領導者需要有願意與自己一起打拚的好夥伴，但是這樣的人才不容易發掘，假如只能靠運氣，團隊工作就無法順利完成。因此，領導者必須思考，如何培育出可輔佐自己的追隨者。

首先，最重要的是，領導者要養成傾聽追隨者意見的習慣。為什麼部屬或研究助理總是默不作聲？因為主管說太多話了。

如果追隨者已經開始報告：「這個數據要這樣處理……」，但領導者卻硬生生打斷說：「這要這樣做！」漸漸地追隨者就不願意開口了。因此，為了讓追隨者能夠確實表達意見，領導者必須抱持真誠傾聽的態度。

接下來，要以具體的任務或數字，向追隨者說明團隊決定的目標，並且促使他們確實達成。舉例來說，儘量用淺顯易懂的話語下達指示：「在六月十日前要完成報告」、「一週要進行三十次拜訪推銷」等。

最後，最關鍵的是建立合作體制的方法。建立良好合作關係是有順序的，不能突然催促追隨者：「大家要團隊合作」、「夥伴要同心協力」。儘管追隨者可能會回答：「您說得對，大家一起加油」，然而他們心裡並不清楚，該如何建立合作體制。

因此，首先完全不需要思考團隊合作的事，只要聊聊簡單輕鬆的話題，舉例來說，可以主動開口問：「上週末做了什麼」、「一起吃個午餐吧」等。

重要的是，無論如何，要很自然地與追隨者維持可輕鬆交談的關係。如此一來，當雙方能夠吐露真言、關係越來越緊密時，再討論彼此的角色與責任，就會訴說各自對於團隊目標的熱情，甚至是疑問或不滿了。

不過度介入私人領域

根據傳播學的研究，與談話對象的最適當距離，會因國情與個人的差異而有所變化。關於談話雙方之間的距離，參考標準如下：

- 排他區域：五〇公分以內，是絕不想讓關係淺薄的人進入的區域。
- 談話區域：五〇公分至一．五公尺，是普通談話的距離。
- 接近區域：一．五至三公尺，是普通、微妙的距離，若不談話還好，若想要交談則難以啟齒。

・互相認識區域：三〇至二〇公尺，是和熟人打招呼的距離，距離越近就越無法忽視對方。

如同以上所述，在人際溝通方面，與對方的物理距離在談話之際更顯得重要。這不僅是物理上的距離，也跟與對方心理（精神）上的距離有著相對關係。因此，領導者應該注意，要依據與追隨者交往的深淺、時間長短，與對方保持適切的距離。

即便親近，也要展現實力差距

雖然說「實力勝過言語」，但是當上司與部屬、教師與學生一起工作或學習的時間越來越長，彼此自然而然會越來越熟悉。基本上，這對於建立良好關係非常有幫助。

然而，雙方在心理上的距離過於接近，也會引發問題。如果彼此因為逐漸熟悉而成為朋友關係，很可能會破壞職場的規律或秩序，或者降低工作效率，造成風險。

我就讀牛津大學三年之後，與指導教授相處久了，彼此交情好到直接稱呼對方的英文名字。我因為當時還年輕，習慣成自然，無意間不小心把指導教授當成朋友，有時候甚至做出一些沒禮貌的舉動。

但某一天，牛津舉辦教育學領域的座談會，我參加了指導教授擔任主席的場次。我目睹教授如何掌控全場、引導討論、提出精闢批判，以及極為精練的英文措辭，感受到牛津教授與自己之間的實力差距，簡直是天差地別，於是深刻體悟到自己必須改掉日常對教授的言行舉止。

正因為在工作上維持上下關係，才能夠確實貫徹領導。如果你身為上司，與部屬的關係讓人感覺像是朋友，那麼請不要透過言語，而是要展現壓倒性的實力差距，讓對方產生自覺。但是，關鍵在於不要刻意，自然輕鬆地展現即可。

1 本章重點

■無論身處什麼立場，都要意識到「位高任重」。

■培養能化解緊張，在群眾面前侃侃而談的技巧。

■明確區隔自己與他人的差異，用品牌力提升自我價值。

■運用皮格馬利翁效果，讓對方展現超乎期待的成果。

■絕不能貼負面標籤。

■不過度侵犯他人的領域，要不時彰顯自己的實力。

第2堂課

創造力：從懷疑、批判到發想

從零開始鍛鍊原創

「創造力」到底是從何而生？不僅腦生理學等最先端的科學領域，一直在探討與「創造性」有關的議題，哲學與教育學也經常進行相關的研究。

從很久以前開始，牛津大學便經常培育出留名青史的天才與偉人，實際案例不勝枚舉，例如：《魔戒》的作者托爾金、有「神奇博士」之稱的哲學家羅吉爾·培根（Roger Bacon）、經濟學之父亞當·史密斯、「鐵娘子」柴契爾夫人，以及理論物理學家霍金等人。

牛津大學的教育理念是：不論事實為何，都要先抱持懷疑的態度，並具備批判的精神。當我在上導師指導課時，指導教授曾經說：「日本的學生既認真又優秀，卻不善於對現實抱持懷疑，從批判的觀點進行分析。」

換句話說，在牛津裡，相較於不抱持懷疑、沒有批判力的優等生，具有批判力與創造性思考的人，即使成績較差，也可以獲得高度評價。在研讀牛津相關文獻時，我發現能夠留名青史的人都具備這種特質。這與不抱持懷疑及批判的優等生，仔細聽老師的話，在考試取得好成績截然不同。

事實上，要成為有創造力的人，只是擁有豐富的知識還不夠。換句話說，最初不是萬事通也無妨，即便是「零」也無所謂。重要的是，要養成對於各式各樣的事物抱持興趣，並果敢採取行動的習慣。然後，在這個基礎上，一邊蒐集與分析各式各樣的資訊，整理出想法，一邊形成「邏輯思考」的基本程序。

一旦打好這些基本功，產生新的好奇心與發現，就可以引發創造力。

創造性必須透過言語表達

「發揮創造性」是指，改變對事物的看法，打破眾人共有的常識，思考出幾乎所有人都不會有同感的事物，然後將它化作言語，傳達給周遭的人。

由於感覺與價值觀會因人而異，因此人們終究無法完全互相了解。然而，抱持「若什麼都不做，自己的想法就無法傳達給對方」的意識，就能在建立步驟、傳達給他人的過程中，釐清思緒、產生嶄新的構想。

在這個過程裡，將了解乍看之下毫不相關的問題，竟然在意想不到之處產生連結，或是發現在爆量資訊當中，隱藏著閃耀不已的微小曙光。

一旦碰壁，就試著改變作法

不論是學業或是事業，並非只憑藉著一套作法，就能夠通行四方。一般來說，依據當時的情況，需要各式各樣的因應方案，但人們總會執著於自己習慣的作法，導致嚐到失敗的苦果。如果這樣的事一再發生，很可能會扼殺創造性的幼苗。

印度國父甘地（Mohandas Karamchand Gandhi）留下一句名言：「想要改變世界，就要先改變自己。」商務人士想要成為啟動改變的人，可以從創造機會，與他人討論「改變自己能否創造新的人性」開始。

此外，我們必須知道自己思考方式的習慣（傾向）。人的思考方式有一定的習慣，例如：有的人總是樂觀看待事物，有的人面對事情卻總是負面悲觀。

具體地說，即使同樣是天氣很好，有人會想：「晴天真是太棒了」，有的人卻覺得很討厭：「陽光好刺眼」。**請試著將實際發生的「事實」，與解釋這個事實的「習慣」分開來思考。**對於所有人而言，「天氣很好」是一個事實，但如果在解釋時加入過多自己思考方式的習慣，有時候反而無法看清事物的本質。

為了改變思考方式、了解習慣，要試著與平常不交談的人聊天、閱讀平時不會接觸的書籍、開始學習新的事物，或是用不同作法來做相同的工作等，這些在培養創造力上都是很重要的事。

培養創造力的簡單方法

在牛津大學裡，不論專攻領域是什麼，都會在教育與學習當中養成以下的基本態度：

①將資訊一元化，製作「儲存」筆記

如果不整理資訊，只是一味大量囤積，便無法進一步地利用與活用。請將想到的事物或是存留在印象中的文章等，整合在筆記本當中。儘管現今電子產品十分發達，還是要時常刻意在手邊放一個筆記本，讓自己無論何時都能書寫東西。

說到做筆記，牛津人大多數是用藍色原子筆，因為他們認為藍色能夠讓自己冷靜思考，並且增加創造性。

②先寫下來，並試著向人說明

光是在腦中想事情，有時候只是變成了「覺得自己在思考」。因此，要寫下自己正在思考的事項，訓練自己能夠陳述出他人可理解的說明。其原因在於，用紙筆寫下來，就能夠客觀檢視構想，而向他人說明，就能夠整理腦海中的思緒，在這樣的過程中會產生出新的構想。

③不在一個段落就結束，要以「＋α」作結

當處理工作或任務時，通常都是做到一個段落就結束。但是，為了提升創造性，在整理構想時，不可以正好到一個段落就結束，因為你可能會就此滿足，而停止繼續思考。

在撰寫新構想之際，不應該用結論來做總結，而必須預測日後將怎樣延伸、發現目前什麼部分有欠缺，將這些當做「＋α」預先寫下來。由於寫下「＋α」，因此當提出下一個構想時，就能從領先一步的地方開始著手。舉例來說，撰寫研究論文時，經常會在最後描述「今後的展望」，就是為了發揮這個效用。

④「複製剪貼」會阻礙創造性

最近，有學者或研究者撰寫論文時「複製剪貼」，成為眾所矚目的問題。不管是在學術界或是商業界，這都是不被允許的行為。

在牛津大學裡，教授與學生若不正式引用文獻或網路資料，而是佯裝成自己的構想或意見，也就是進行剽竊，絕對會受到校方的嚴厲處分。而且，有詳細的規章來徹底規範，違反者甚至可能被學校開除或退學。

新的創造正因為是經由自己動腦思考而成為「原創」，才會受人肯定，絕對不是盜用他人的東西。如果一再複製剪貼，不久後將變得無法自主思考，也無法用文字表現想法。

假如為了孕育自己的原創，想要引用他人的作品時，一定要確實寫清楚：這是引用什麼書籍、作品或網址等。如此一來，以後還要使用這些資料時，就可以馬上知道它們來自何處。而且，無論如何都要使用他人的文章時，一定得加上引號，並明確記載來源出處。

講到「創造力」，或許有人會覺得很困難，自己不可能辦得到。但其實，在日常生活裡，可以透過簡單、不經意或是已經在做的行為，來鍛鍊創造力。

無聊與獨處也能培養創造力，該怎麼做？

現代人都很忙碌，為了工作、家庭，經營人際關係而奔波，經常過度耗費腦力與體力。在這樣的狀態下，幾乎沒有時間產出優異的構想與觀點。

英國的生涯教育研究者泰瑞莎・貝爾頓（Teresa Belton），訪問過許多位知名的科學家、藝術家及運動員，其中有不少人表示，**從小時候開始，獨處的時間、無聊的時間都有助於培育創造力**。

我認為，孩子在很小的時候，就因為做功課、學才藝、上補習班而忙碌不堪，會錯過了培育創造力的好時機。當這樣的孩子變成大人，身處在孤獨的環境裡，可能會因為不知道該做什麼而驚慌失措，或是偷懶發呆而什麼都不做。

依據貝爾頓的研究，應該讓孩子從小開始，就擁有自主運用的時間，以促進創造力的發展。換句話說，如果沒有自主思考的能力，就無法產生創造力。我認為這樣的主張不僅適用於小孩，也適用於大人。

鍛鍊創造力的牛津步道

我在牛津大學撰寫論文時，曾經好幾次陷入低潮，完全沒有進展。也常碰到不管坐在桌前幾小時，讀了多少本書，連一行也寫不出來的窘況。

我將這種情況告訴我的朋友尤索（Yusof），他是從馬來西亞來牛津留學的數學教師。他建議：「去散散步，邊走邊想，常常會浮現一些不錯的點子。」

雖然我覺得半信半疑：「怎麼可能散個步，就會有好點子？」但我還是去散步了。其實，牛津這個城鎮有很多適合散步的地方，例如：花草自然綻放與小鳥恣意飛翔的牧草地、充滿中世紀情懷的街道、雅致的學院花園，在那些地方走動，會有宛如身在繪畫裡的錯覺。此外，在稍遠一點的地方，則有蜂蜜色石屋群的美麗古街科茨沃爾德（Cotswolds），也很適合散步。

結果如何？真是出乎意料之外，相較於呆坐在書桌前，散步明顯能夠放鬆緊繃的神經，並且促使思考力提升。

為了思考而散步

事實上，各式各樣的研究都證實，從科學角度來看，散步或步行有益身心健康。因此，建議各位在生活中找個空檔，試著一天最少花二〇至三〇分鐘出去散步。

我認為散步可以分為三種：純粹放鬆的散步（沒有特別目的）、有目的的散步（為了減重或遛寵物等），以及為了思考的散步（思考某些事情）。

對於「為了思考的散步」，我特別留意以下幾件事：

①身體放鬆慢慢走

當試著慢慢走時，會發覺自己平常總是為了某些事而焦慮，不知不覺便越走越快。只要不去在意周遭事物，緩慢步行，就能夠維持自己的步調。

②享受周遭景色

在散步之際，眼睛慢慢環顧四周。進一步地，不只是欣賞景色，有時候試著透過視覺、聽覺、嗅覺、觸覺、味覺這五感，接觸各式各樣的風景，例如：觸摸河川流水、聞聞草木氣味等。如此一來，原本專注於一點的思考，將會逐漸鬆緩下來，心情也會變得愉悅。

③散步中，試著找尋三十個以上覺得很棒的事物

我曾經讀過一篇新聞報導，內容是在散步途中，留心尋找三十個以上自己覺得很棒的事物，例如：「嬌小的花朵努力綻放著」、「聽到小朋友充滿活力的聲音」等，將有益身心健康。如此一來，不僅可以養成正面看待事物的習慣，最終也有助於想出一些好點子。

長期維持創造動力有訣竅

我在大學教書之際，發現只要到了長假前後或是日夜溫差很大的時期，學生念書的動力就會明顯下降。這裡的「動力」就是指「幹勁」。

人類經常會受到情緒與感情所影響，當充滿幹勁時，只是憑著一股氣勢，設定遠大目標，也能夠獲得成功。相反地，當缺乏幹勁時，即使平常就能簡單達成的工作，也可能會半途而廢。這不是個人能力的問題，而是動力（幹勁）的問題。

不單是在牛津大學，即便在其他學校，「完成博士論文、取得學位」的道路都是既漫長又遙遠。在這段期間內，要一直保持學習研究的動力，幾乎是不可能的事。

我的情況是，如果與其他人保持距離，一個人埋頭寫論文，很容易將自己封閉起來，甚至忘記自己身處英國。日復一日過著這種沒日沒夜的生活，以至於逐漸喪失了做研究的動力。

某一天，我不經意地停下腳步，逛逛牛津的「樂施」（OXFAM）二手商店，看到了許多日本少見的英倫風毛衣與鞋子。我還發現到，其中有牛津的教授與學生平日常戴的獵帽。一般來說，我在日本絕對不會買、也不會戴這種獵帽，但是在牛津購買之後，我外出都會戴著。

這或許是一種模仿效應。我戴上獵帽之後，感覺自己好像具有牛津人的氣質，想要讀書的情緒也高漲起來。由此可見，只是稍微改變平常的生活模式，有時候也能提升自己工作或學習的動力。

接下來，我將介紹一些自己正在實踐、能夠提升做事動力的習慣。

改變習以為常的作法

如同前述，不論是讀書或是工作，一直用自己熟悉的習慣作法，就會變得乏味無趣，容易失去幹勁。對於這個問題，可以藉由「**改變習以為常的方法、手段及工**

具」，來提升動力。這時候關鍵在於，指導者要向學習者提示新的方法與手段。

方法與手段的變化：閱讀烹飪書籍，會湧現想要下廚的情緒。

工具的變化：購買計步器的人，會每天出門散步。

各位是否曾經有這種經驗？首先，從形式上來著手，例如：購買一本新字典、嘗試新的造型等，可以顯著地提升動力。

充分活用「接近加速法則」

各位是否有過這樣的經驗：在學習或是工作上，當截止期限迫近，還沒有完成某件事就會發生嚴重後果時，做事的動力與幹勁就會顯著提升。這就是所謂的「**接近加速法則**」。根據調查結果顯示，每當人們陷入困境或是接近終點時，動力就會出現提升的傾向。

舉例來說，馬拉松選手看見終點在望時，會做最後的衝刺；發表日期越接近，資料就做得越順手等。

為了巧妙運用這個法則來提升學習者的動力，促使學習者「動手開始做」非常有效果。

①在短期內具體設定幾個目標

舉例來說，要求對方「在明天之前，整理出這本書的某個章節」。透過具體設定短期內能夠達成的目標與截止日期，讓對方感覺到最終的長期整體目標越來越近，就能夠營造出讓人湧出幹勁的環境。

②明確設定優先順序

舉例來說，假如希望對方在限定期限內完成的課題或業務共有十項，請建議其中哪個課題最重要，而哪個課題相對不重要、不須花太多時間。不過，一旦給予過多指示，就會增加當事人失去自行判斷能力的風險。因此，思考「指示」與「學習者判斷能力」之間的平衡，是很重要的。

③「皮格馬利翁效果」：讚美的重要性

主管、教師或是父母親，總會要求學習者要達成高度的目標，卻很容易在學習者拿出成績時，疏忽了讚美。無論對方努力的成果是多麼微小，都應該要發掘出來，並給予足夠的讚美。

④提升動力的循環

為了使對方持續保持幹勁，應該讓他養成什麼樣的習慣？答案是：要提升對方的動力，得讓他不怕碰到阻礙，在達成小小成就與獲得讚賞的循環當中，一直向前邁進。想要一再持續這種情況，讓對方最終能夠達成長期的遠大目標，就必須理解以下的循環過程：

支持對方，讓他懷抱勇氣開始行動。

←

讓他相信自己絕不孤單，安心地處理課題。

←

獲得良好成果；相反地，遇到阻礙就暫停下來整理、再檢討。

←

回到最初，重複循環。

如果要長期提升及延續對方的動力來達成目標，就要在這種循環當中，確切地設定期限與目標，並儘可能讓循環高速運轉。

為了培養創造力，無論如何，首先要付諸實踐。大部分的人總是在開始嘗試之前，就受到不安或厭惡感所干擾，以至於無法採取行動。透過親身實踐，讓「提升動力的循環」順利運轉，就會越來越接近目標。如此一來，即使遭遇失敗，也可以獲得寶貴經驗，當做下次行動的借鏡。

不確定性與風險，孕育出真正的創造

各位應該都聽過《愛麗絲夢遊仙境》的故事：愛麗絲為了追逐一隻白兔，闖進夢幻的世界，之後遇到蛋形矮胖人（Humpty Dumpty）等珍禽異獸，展開一場獨特的冒險旅程。

《愛麗絲夢遊仙境》的作者卡羅，在牛津最具代表性的基督堂書院，擔任數學教師。由於同事的女兒愛麗絲一直要卡羅講故事給她聽，他才即興創作出此書的雛形。《愛麗絲夢遊仙境》中有許多獨創的文字遊戲、流行語，以及可愛插畫，將小朋友從當時主流的說教式童書中解放出來。

身為一流數學老師的卡羅，為什麼能夠寫出深受全世界小朋友所喜愛的《愛麗絲夢遊仙境》？我認為，在瀰漫奇幻氛圍與豐富自然景色的牛津街道，交織出如夢境一般的環境，必定對卡羅產生影響。此外，他依然擁有孩童般的想像力與赤子之心，也是原因之一。

讀繪本，想像力是創造力的始祖

孩童與大人的創造力到底有什麼差別？請回想一下，我們小時候擁有什麼樣的想像力。我認為每個孩童都具備四個特質：

- **對於事物很敏感。**
- **想法天馬行空、不受拘束。**
- **能夠接納任何事物。**
- **能夠率直表達想法。**

當人們成熟長大，在現實世界裡生活久了，便逐漸失去小時候所擁有的特質。我認為，在孩童般純粹純真的思考與發想中，應該可以衍生出無限的創造力。

根據最近一項研究調查顯示，激發孩子創造力的有效方法是：從孩子年幼時開始，父母親就讀繪本給他聽、一起去圖書館、一起討論書本讀後感想。如此一來，孩子能夠理解言語的價值、養成閱讀習慣，進而逐漸習得創造力。

發揮創造性的職涯發展

不論是在學術領域或是商場上，任何人都會碰到需要創造力的狀況。為了激發創造力，每個人都要有發揮的舞臺，例如大學、實驗室或公司等；換句話說，必須規畫自己的職涯發展。

在牛津大學留學時，我曾經很煩惱自己將來要從事什麼工作。在日本社會裡，人們總認為沒有公司會雇用文科研究所的畢業生，而要在大學找一份研究工作，也是非常困難。

很幸運的是，我很快就在大學獲得一個職位。但是，並非每個人都能夠依據自己預想的職涯發展前進，因為除了本身意志之外，還會受到周遭意見與當時社會情況所制約。此外，即使能夠找到心中預想的工作，也可能發生出乎意料的事，而不得不中途轉職。

無法預測將來，更要積極生活

一九八九年，教育心理學家吉勒特（H. B. Gelatt）針對人們的職涯發展，提出「積極的不確定」（Positive Uncertainty）理論。

這個理論的精髓是：現今世界各國的政經情勢不安定，人們很難描繪出一生穩定的職涯規畫；但重要的是，**積極面對這種不確定性，坦然接受現實，創造未來的職涯發展**。

另外，史丹佛大學的教育心理學教授約翰．克倫伯特茲（John D. Krumboltz）的「計畫性巧合理論」（Planned Happenstance Theory），也有類似的見解。

這些理論的產生背景之一，就是第二次世界大戰之後，日本企業特有的「年功序列制度」（譯注：公司依年資和職位，訂定標準化的薪水）、「終身雇用制度」，突然被外資企業採用的歐美雇用制度所取代。

在這樣難以預測自身未來的環境裡，到底該如何因應？各位應該都知道「輪椅上的物理學家」史蒂芬・霍金博士，他是牛津大學的畢業生，在求學時代發現罹患難以治癒的疾病，還曾經一度瀕臨死亡。即便如此，霍金絕不氣餒，在研究上努力不懈，終於成為深具影響力的宇宙理論泰斗。

霍金因為罹病而行動不便，放棄必須動手做實驗的研究領域，選擇理論物理學為專攻領域。而且，透過明晰頭腦的精密計算，他分析並解開了人類絕對無法到達的宇宙盡頭的奧祕，可說是一位少有的天才。

在此，我引用霍金著作中的一些話，當做面臨不確定未來時的參考。這些話非常發人深省：

第一句是「**抬頭仰望星辰，不要低頭看你的腳。**」（含義：不要被現在或過去所綑綁，要展望未來。）

第二句是「**永遠不要放棄工作，工作賦予你生命的意義與目的，倘若生命中沒有這些，便是空的。**」（含義：保有自己能夠奉獻一生的工作。）

第三句是「**如果你幸運找到愛，記得這很難得，別拋棄。**」（含義：「人」這個字意味著互相扶持。）

為了在面對不確定的未來時，可以懷抱希望生活下去，不應該感嘆不安定的過去或現在，而是要在工作或嗜好上，發現能夠讓自己持續燃燒熱情的事物，努力去做，並珍惜那些支持我們的人。

在縝密擬訂未來計畫的同時，應該把握自己的「直覺」，將它當做一種知性。如同名言「十個人十個模樣」所說的，你擁有的直覺會引領你找到自己獨特的創造性。然後，要坦然接納眼前的現實，即使感到有些不安，也要明白這只是反射出自己的心理狀態。

前面所介紹的「愛麗絲」與霍金，面對前方未知的世界或是無法預測的狀態，即使感到迷惘，也絕不畏怯，反而果敢地突破、前進。在人生中，有謳歌生命的快樂篇章，也有許多痛苦難過的事情，即使在遭遇困境的時刻，也要以智慧與希望來克服與超越。

各位若有機會，請務必欣賞一下基督堂學院餐廳（Christ Church Dining Hall）的彩繪玻璃，其中描繪的是《愛麗絲夢遊仙境》的情景。正因為無法預測未來，我們才能理解，具備自由且積極創造各自生存之道的能力，是絕對必要的。

4個循環讓創造性思考模式化

最近，除了速食店之外，各行各業都在推動「作業範本化」，例如：應對顧客、數據管理等。製作作業範本，可以讓每個人依據狀況該採取的因應行動，變得很明確。因此，在促使全體員工採取標準化的行動上，作業範本化是非常有效的。

那麼，「創造力」也可以範本化嗎？

英國心理學者葛拉罕．瓦拉斯（Graham Wallas）主張，**創造性思考分為四個階段：準備期**、**醞釀期**、**豁然開朗期**、**驗證期**。以下，我依據瓦拉斯的理論，介紹有效培育部屬或孩子創造力的方法。

在日常生活中做好「準備」

首先是「準備」階段。「準備」這個詞，顧名思義，就是奠定培養創造性思考的基礎階段。在每天的研究與工作中，運用自己既有的知識與技能，靈活發揮過去的經驗，從試誤中獲得教訓，進而從事創造或是發現解決問題的起點。

舉例來說，學生運用剛學到的公式，解答高難度的計算題；商務人士以上次行銷失敗的經驗為借鏡，為了更有效傳達商品魅力，思考嶄新的提案方法等。

其實，每個認真的學生或一般商務人士，平常都在進行上述的過程。乍看之下，這個過程似乎毫無新意，但對於培養自己掌握創造力的步調，卻是非常重要。

日本醫學家山中伸彌（譯注：一九六二年生，是成體幹細胞研究的先驅）因為發現ｉｐｓ細胞，而獲得諾貝爾生理醫學獎，他曾在針對高中生的演講會中指出：「為了獲得一次成功，不歷經九次的失敗，幸運之神是不會眷顧的。但願各位年輕學子能努力嘗試、盡情失敗。」

由此可知，失敗與伴隨而來的試誤，其實是戲劇性的發明或進步的必要條件，這是許多成功者共通的認識。

藉由抽離「醞釀」發想

接下來是「醞釀」階段，就是整理從不斷試誤中得到的經驗，為即將到來的「創造」做好準備。

針對某個課題，經過一段時間的思考之後，刻意將自己從這個課題抽離出來，讓頭腦暫時休息，並做一些完全無關的事，讓心平靜下來。在重新打起精神之後，經常會有意想不到的發現。

刻意做一些與現在正在處理的課題或工作，完全不相關的事務，可能會從不同的角度，產生全新的靈感。因此，擺脫平常思考事物的框架，可說是至為關鍵。

舉例來說，當業務員把工作擺在一邊，到商店優閒購物，或是在餐廳享受美食時，他是以顧客身分接受服務，不同於平日扮演的角色，因此會從完全有別於業務員的角度思考問題，就可能想出優化商品或服務的方法，或是發覺銷售量不佳的理由。

啟動「豁然開朗」不經意的瞬間

經過前述的兩個過程，第三階段「豁然開朗」即將誕生。到目前為止，不管是對於大事或小事，你是否曾有這樣的經驗：腦海中突然浮現超棒的點子，連自己都覺得「真是太厲害了」。

如果答案是肯定的，試著回想當時的情況。浮現出好點子的時刻通常並非在工作期間，而大多數是在通勤、移動或一個人看報紙時，突然靈光乍現。

我曾在商店超市購買日常食材等物品時，豁然開朗、產生靈感。由於商品的外包裝、陳列方式、宣傳標語等，會自然映入眼簾，因此它們在無意識中刺激大腦，引發新的構想。

前面所提到的散步，也是能幫助我們產生新發想的方法。

了解現狀，產生正確「驗證」

在最後的「驗證」階段，必須確認腦海中浮現的構想，到底對於解決實際問題有沒有幫助。

此外，即使想出獨創性的研究，或者嶄新的商品、服務或企畫案，如果不妥善檢討：「以目前組織擁有的資源，能否在有限時間內實現？這對誰有幫助？該怎樣符合現實條件去執行？」那麼好不容易想出來的點子，終究只是白費功夫。

為了提升驗證的品質，平常要了解自己的能力、所屬組織的環境，以及與其他人的競爭狀況等。就創作新企畫、提升工作品質而言，如何配合構想與現實之間的差異，找到平衡點，始終扮演著決定性的角色。

以上介紹創造性思考的四個階段。我想各位已經理解，每一個步驟的目的都是解決問題，進而孕育出全新事物。

此外，我利用便利貼將時間管理範本化，以提升創造力。

事實上，執行這件事並不困難。首先，準備不同顏色的便利貼，製作由橫縱軸所構成的簡單表格，縱軸寫上一天的時間，橫軸寫上自己或夥伴的名字。然後，根據顏色將便利貼分類，在縱軸（時間單位的軸）上，依序貼入寫著自己或夥伴行程內容（研究、工作、私務等）的便利貼。

透過完成的表格，檢視各別行程內容的整體狀況，會發現各式各樣的事，並且能進一步掌握一些狀況，例如：「平日也有可利用的時間」、「假日也在工作，很難抽出時間陪伴家人」等。

由於便利貼能隨意黏貼與取下，因此可以重新排列當天的行動（吃飯、工作、休息、跑業務等）順序，更有效率地運用時間。請各位務必在一天中，儘量撥出培養創造力的時段。

做到5件事，創造力一輩子源源不絕

在現代工業社會裡，即使自己的構想已經商品化了，也可能在一年後被新一代產品所取代，立刻顯得過時。因此，為了持續創造出新事物，就必須讓自己的創造力具有持續性。

那麼，如何能夠擁有源源不絕的創造力？

我大學畢業之後，馬上前往紐約大學攻讀碩士學位，後來更進入牛津大學攻讀博士學位。從進入碩士班到取得博士學位為止，我總共花了大約七年的時間。

在世界一流的大學院校裡，許多菁英都是辭去工作，籌措高額學費，從全球各地前來。當時我剛踏出大學校門，有幸進入其中最年輕的學習團體，與同學一起切磋琢磨，互相扶持。這樣的緣分支持我熬過嚴苛的留學生活，是無可取代的寶貴財產。

我因為經歷過牛津導師指導課，而且曾經與各種不同背景的同學進行跨國交流，才能夠培養出創造力，並一直延續下去。

①不受常識或固有概念所束縛

本書第一一三頁中曾經提及，為了孕育出新鮮且有益的事物或構想，擁有不受常識或傳統所束縛的發想力，可說是重要關鍵。然而，常識與傳統已在我們生長的社會與文化，以及所屬組織的觀念中根深柢固，以至於在無形中制約了我們的思考與行事模式，變成維持創造力的最大阻礙。

因此，我認為平常就應該多多創造機會，看看外面的世界。學生最好盡早到國外旅行，如果經濟和時間上有餘裕，還可以嘗試在國外生活。

越早擁有海外生活的經驗，就越能夠增廣見聞。社會人士要積極與不同業界的人交流、結交朋友，或是利用休假去旅行，這些都是能夠理解不同世界的機會。

②對世界動向變得敏感

在現今這個世界上，是將「Who」（誰）與「What」（什麼）當成問題，並且運用「How」（如何）來對應。如果能夠掌握這個時代的需求，將有助於孕育出合乎時勢的創造性。

因為工作的緣故，我花費了許多時間去閱讀書籍和研究論文。對於「教育」這個專業領域，擁有一些知識。不過，對於教育以外的事物，我也留心不要讓自己成為什麼都不知道的「專業笨蛋」。

因此，我每天都閱讀兩家大型報社的報紙，並相互比較對照。另外，儘可能多接觸網路新聞、海外媒體等資訊來源。

我認為，要創造出優秀的構想，必須對於大眾趨勢與社會動向變得敏感，並且常抱持關心，因為這兩者其實是互為表裡。

③將自己想做的事明確化，並讓大家都知道

日本有句諺語是「愛好就能精通」，也就是說，對於有興趣的事物，會不由得想

要鑽研而忘記時間。因此，發掘出自己真正想做的事，並具體規畫一年、三年、十年之後的願景，然後明確告知家人和朋友，是非常重要的。讓周遭的人知道自己想做的事，有時候可以獲得支持與協助，進而提升持續力。

④珍惜獨處時間，注意健康管理

本書中多次提到，要珍惜自己獨處的時間。為了實際應用長期累積所得的問題意識，或者運用不同觀點來孕育出解決方案或新構想，我們都需要擁有能讓自己平靜下來的獨處時間。

而且，日常的健康管理也有助於延續創造性。隨著年歲漸增，在組織中擔任重要職位之後，經常會因為過度忙碌而忽視健康。基本的健康管理方法是：盡力維持早睡早起、確實攝取三餐飲食、保持個人清潔、從事適度的運動等。

我為了維持健康，會注意要「頭冷足熱」（頭部要涼爽，足部要溫暖）。但是，當疲勞逐漸累積時，會乾脆休個假，充分休息、充電一下。

⑤讚美並「犒賞」自己

當想要達成的目標越來越高，得花費越來越多時間時，更需要源源不絕的創造力。若是很耗費心力的專案或研究，在達成目標之前，必須設定幾個「關卡」。每當通過各個關卡時，就大大讚美自己一番，並且將外出旅行、享受嗜好、消費購物等做為犒賞，讓自己心情愉快，累積邁向下一個創造的動力。

不過，在盡情享受犒賞之後，要針對下一個目標，妥善安排時間表，這是為了避免太過滿足而「燃燒殆盡」。

以上所述都是我的親身經驗。我在紐約留學時還很年輕，會坐在曼哈頓的咖啡館裡，讓自己對將來的熱情與夢想恣意馳騁。

我曾經在筆記本裡，寫下各個年齡要達成的理想目標，並撕下來貼在房間的牆壁上。有時候，還會朗誦這些內容來鼓舞自己。現在回想起來，這些行為都發揮了功效。或許各位會感到驚訝，我即便快五〇歲了，仍然會一個人偷偷把自己的目標寫在筆記本上，時而出聲朗讀。

2 本章重點

- ■不要當聽話的天才，要成為有批判力的平凡人。
- ■碰到阻礙，就改變作法。
- ■為了活絡思緒，要「為了思考而散步」。
- ■儘可能具體設定能夠達成的小目標與截止期限。
- ■將創造性思考分成四個階段，並加以範本化。
- ■不管多麼小的事，都要發掘出來並加以讚美。
- ■注意自己的時間與健康管理。

第3堂課

戰鬥力：凝聚團隊力量，化解所有敵手

不會辯論及堅持主張，導致戰鬥力不足

提到「戰鬥力」，現今的日本人多半都對此沒有什麼好印象。

日本人從很小的時候開始，就在「否定與眾不同、擾亂和諧或當面反駁他人」的環境中，接受教育。即使要求他們從今天開始，要與對方激烈爭論，堅持自己的主張，也很難做到。

但是，為了在全球化社會中存活下來，如果仍然繼續追隨他人意見，是不會有未來的。

因此，我將本章中，闡述一般人所欠缺的戰鬥力到底是什麼，以及該如何培育戰鬥力。

氛圍並非靠察覺，而是要說出來

對於世界各國的人們而言，日本人多半具有以下的傾向，例如：不明確主張自己的意見、不明確說是或不是。這些傾向可說是源自於民族性。

我在紐約待了將近三年，在紐約大學研究所學習「跨文化傳播學」。紐約被譽為「民族大熔爐」，街頭充斥著許多人種與語言，人們彼此之間的對話就是一種跨文化傳播。

所謂「傳播」，並非只是單純透過言語來交流。對話中的人們身處的各種環境，例如地點、時間、狀況、人際關係、時機等，也都發揮了很強的作用。根據跨文化傳播理論，這些周遭環境被稱為「情境」，我認為這相當於人們常說「察覺氛圍」（察言觀色）中的「氛圍」。

但是，很少國家擁有這樣的傳播特徵，因此在全球化社會裡，不要期待他人會察覺氛圍，而是要努力說出氛圍，抱持「堅定表達自己意見」的態度很重要。

充分運用戰略與戰術

在漫長人生中，無論是個人或組織，難免會碰到必須與競爭對手一決高下的情況。而且，不管我們本身願不願意，經常都得面臨競爭，例如：企業進軍新的事業領域、學生參加考試、畢業生找工作，以及最近的熱門話題「婚活」等（譯注：「婚活」是「結婚活動」的縮寫，意指透過相親、聯誼等活動去尋找結婚對象）。這時候，思考對策並採取行動，也就是所謂的「戰略」與「戰術」，就變得不可或缺。

平常，人們不會詳細區分「戰略」與「戰術」。在試著整理及歸納各種資料之後，我認為戰略是指遠大的計畫與願景本身，像是企業戰略或經營戰略等，而戰術則是指執行、達成計畫或專案，也就是實現戰略的手段或方法。

儘管大學使用的語言與一般企業不同，然而大學也和一般企業一樣，必須思考戰略與戰術。牛津大學也不例外，與世界上其他的頂尖大學展開激烈的經營競爭，因此要擬訂引領大學邁向世界第一的戰略，以及為了達成戰略所需要的各種戰術。具體地說，例如：加速決策速度的內部組織改革、科系新設與整合廢除、校舍現代化、擴充獎學金，以及導入徵才制度爭取優秀學生等。

現今已經進入全球競爭的時代，連牛津大學也必須擁有長期戰略，努力爭取全球的優秀學者和學生。儘管在世界排名方面，存在「評價指標的設定」等因素，不能一概而論，但是日本最高學府東京大學在世界排名上，依然遠遠落後牛津大學。雖然東京大學透過開放九月入學，以及開設英語授課的科系與學程等，努力搭上學術國際化的浪潮，然而該校改革的速度還是太慢。

在本章中，我將解說戰鬥力的精髓，包括了團隊的戰鬥方法、確認狀況做出適切判斷的能力，以及對立時的意見疏通方法、準備方式及有效撤退方法，還有戰鬥力的育成術。

結合經驗與知識，做出適切判斷

有一句諺語點出民族性與思考、行動模式的關係：「英國人邊走邊思考，法國人思考後開始衝，西班牙人則是先衝之後才思考。」雖然這句話沒有提到其他國家，但我想美國可說是「邊跑邊思考」。

所謂「戰鬥力」，可以詮釋為「為了行動（或是在行動的前後）所做的判斷與決定」。首先決定要不要競爭，如果要競爭，必須進一步判斷，和誰、在何時、在哪裡，以及用什麼當做武器。

判斷與決斷的分界線

我在牛津大學學習與培養的技能，包括「判斷與決斷之間的平衡感」。簡單地說，「判斷力」是指蒐集足夠資訊，從客觀角度進行分析後，選出適切方向的能力。也就是說，當資訊不足時，很難做出判斷，即使換人來做，答案也是差不多。

相對地，當蒐集再多資訊也無法完全去除不安時，或者當蒐集過多資訊反而增加複雜性時，必須做出「決斷」。

具體來說，當孩子、學生或部屬採取錯誤行動時，思考該和他們說什麼話，就是一種「判斷」。相對地，當面對人生的重大決定時，例如：「應該和這個人結婚嗎」、「應該繼續從事現有工作還是換工作」等，則必須做出「決斷」。

判斷與決斷的分界線，在於資訊與心理狀態的平衡。就判斷力而言，為了有效獲得、分析及選擇日常中各種持續更新的資訊，具備技能至關重要。另一方面，決斷則是內心做抉擇時的基準，像是價值觀、信念等。

如同以上所述，我們需要依據狀況運用判斷與決斷，如果不慎犯錯，很可能造成令人後悔的結果。

適切的判斷力是什麼？

無論做研究、在商場或是在日常生活中，都必須具備辨別合理答案的判斷力。以下先闡述判斷力。

我將「判斷力」定義為「正確認知事物並給予評價的能力」，而且從三個面向區分為下列三種能力：

- **掌握自身所處狀況的能力**
- **看透做判斷時機的能力**
- **將自己的判斷正當化的能力**

該如何培養出恰如其分兼具這三種能力的判斷力？又該怎麼指導他人？

整合構成「判斷力」的2種能力

如同前文所述，我們必須區別判斷與決斷，在要做出某些判斷之際，也必須區別應具備的能力。做出判斷或決斷的過程，可分為以下兩個部分：

①經驗的判斷力：根據實際經驗與體驗的累積來判斷

當一個人必須做出判斷時，首先會試著回想過去是否有同樣的經驗。若有類似經驗，會想起當時的情況，若當時的判斷結果是正確的，會做出相同判斷，若當時的判斷是不正確的，會思考箇中理由，並且避免再度發生。

在處理沒有解答的問題時，例如「這個人是什麼樣的人」，經驗的判斷力相當有幫助。因此，培養這種能力的關鍵在於，無論專業領域或是職業類別，儘量與越多人接觸越好。

此外，在評估判斷時機之際，經驗的判斷力特別能發揮效用。舉例來說，決定是否要維持與某人的關係，光憑藉科學知識或資訊，也無法計算出適當時機。在這種時刻，要相信經由自身經驗而獲得的直覺與智慧。

②知識的判斷力：根據知識或資訊來判斷對錯

所謂「知識的判斷力」，是指光憑藉經驗的判斷力仍然無法處理，需要藉由學習知識與邏輯，讓自己在面對問題時，具備提出適切解答或解決方案的能力。

舉例來說，考試時，透過學習大量知識與鍛鍊應用能力，能夠冷靜地因應所面對的問題。在商場上，充分活用企業管理方面的知識，有助於增加利潤與迴避風險。

當客觀驗證自己的判斷，證明其正當性之際，知識的判斷力扮演著非常重要的角色。有時候，很難客觀判斷，自己主導的專案到底是成功還是失敗。如果只憑藉自己的判斷或主張，可能會出現相反的結果，因此必須運用學術知識或深具說服力的數據，判斷及證明「這樣做是對的」。

適切的判斷力是指整合從經驗和體驗而來，以及從知識或思考而來的事物，並且取得平衡，以決定方向性。當主管依據過去的技術與能力，做出不合乎時代需求的判斷，就是過於依賴經驗的判斷力。然而，像我這樣的學者容易做出不合乎現實、紙上空談的判斷，反而需要經驗的判斷力。

失敗經驗是培養判斷力的養分

對部屬指示「不可以那樣做」、「一定要這樣做」，過度灌輸自己的想法，會剝奪他們獲得嶄新經驗與自主思考的機會。

如果對部屬的未來成長有所期待，應該讓他藉由體驗失敗，察覺自己的判斷有什麼差錯。這將成為他未來做出適切判斷的養分，能導引他了解其他人的立場。總而言之，在學校教育或職場中，想要提升判斷力，必須適度體驗某種程度的失敗。

一般來說，牛津人都有不畏失敗、勇敢前行的戰鬥性判斷力，而且透過日常的簡單動作開始培養。

①對資訊敏感，用紙筆馬上記下察覺及想到的事。

每天早上，我一定會花二〇至三〇分鐘，將報紙瀏覽一遍，並且在身旁放置筆記本、藍色原子筆及便利貼，以便隨時做標記與記重點。如果拖延一下，沒有立刻寫下來，可能會對那些東西不再感興趣或是忘記。因此重點在於，一旦想到就要在一分鐘內寫下來。

②定期整理已寫下來的知識與資訊。

隨著資訊社會日益發達，每天都接觸到大量的知識和話題。當資訊累積到某種程度時，需要依據主題加以分類及整理。

這不是困難的事。只要將透過剪報或筆記等蒐集到的資訊，分門別類裝進資料袋，並在資料袋的封面標記主題，然後依照時間順序排列，放進書櫃妥善保管即可。

如此一來，對於「自己在何時何處，為什麼對某個題材感到興趣」，全部都能一目了然。

③捨棄過時的資訊，不斷更新資訊。

當完成需要某些資訊的企畫、專案或論文之際，就是評估是否要淘汰這些資訊的時間點。

如何說服對方，貫徹己見？

組織中的對立經常成為戲劇題材，並且獲得很高的收視率。在各式各樣的社會生活當中，對立是無可避免的，像是會議裡的對立、主管與部屬的對立等。然而，如果改變看事情的角度，對立將會帶動「可孕育出革新」的機會。

「衝突管理」是門專業技術

在西方社會裡，「衝突管理」（Conflict Management）這個學術領域，很早就已經確立，並成為研究的主題。換句話說，衝突管理是一門學問，專門探討在政治、經濟、軍事、教育等各種社會活動當中，個人之間、組織之間或組織內部所產生的「對立」為何，研究它們發生的過程，並提出解決方案。

心理學家肯尼斯・湯馬斯（Kenneth W. Thomas）與拉爾夫・基爾曼（Ralph H. Kilmann），於一九七五年，將人在對立之際可能採取的態度，區分為以下五種模式：

- **競爭型：犧牲（說服）對方，以自己的利益為優先來解決**
- **讓步型：以減少自己的要求，滿足對方的要求來解決**
- **迴避型：避免當場做決定，迴避對立來解決**
- **合作型：尊重彼此立場，共同合作解決**
- **妥協型：相互妥協，雙方各取所需來解決**

如果負責企業併購的歐美談判顧問，屬於幹練強硬的「競爭型」，那麼日本企業人士便屬於極力迴避對立的「合作型」。

上述這五種類型，無法一概而論到底哪一個才適切。換句話說，視情況採取最佳作法很重要。

與其停滯不前，適度對立有必要

近年來，衝突管理的相關研究與調查結果，都顯示出「總是感情融洽的團體，會逐漸停滯不前」、「在某些情況下，引起衝突是必要的」。因此，一般來說，為了組織革新，應該策略性地利用某些衝突。

牛津大學的課程並非總是由教授來講課，在課堂上，學生之間幾乎都會進行討論。這個討論本身，正可以在學生之間創造適度的對立，進而發揮以下的效果：

- 可以營造每個人都坦率說出真心話的氛圍。
- 可以更加理解自己與對方的性格，建立良好人際關係。
- 在深化議論的同時，加快做決策的速度。
- 藉由切磋意見，促進新構想或發現的產生。

由於具有這些優點，我認為就結果而言，將有更多的機會能夠產生成效。

討厭「對立」的人更需要戰鬥力

在重視「以和為貴」的東方社會裡，人們多半認為「對立便是惡」，因此傾向迴避，以至於學校與企業很少能夠有效利用衝突與對立。當然，我們應該肯定重視協調、和諧的態度。然而，在全球化競爭的時代，不可能總是如此。

那麼，能夠說服對方、貫徹自己想法的人才，需要擁有什麼樣的素質？

接下來，我依循前面提出的五種衝突模式來說明。

①競爭型：創造壓倒性的差異

首先，在自己與競爭對手之間，創造壓倒性的差距，營造出難以對立的狀況。

舉例來說，牛津大學賽德商學院的朋友告訴我，日本龜甲萬公司的品牌，因為在全球的醬油市場上，擁有其他同業無法撼動的高市占率，而成為知名的商業案例。

龜甲萬是日本特有的醬油製造商，之所以能夠發展成為國際企業，主要原因在於，龜甲萬不只是販賣醬油，而是以獨到的行銷策略，搭配各種料理，來介紹醬油的用法，將日本的飲食文化引進美國，並且落地生根。這正是現今大家耳熟能詳的「酷日本」（Cool Japan）的先驅，可說是文化戰略的一環。（譯注：日本政府為了加強向海外推廣文創商品，提升產業經濟收益，自二〇一〇年起，由經產省開始推動酷日本計畫。）

此外，「Teriyaki」（照燒）這個詞彙，至今已被收錄在英英辭典裡。還有，「龜甲萬」這個名稱的發音「kikkoman」，與北歐的人名「Kaikkonen」非常類似，因此在提升形象上也發揮了正面效果。

總而言之，擁有足以壓制其他公司的品牌力，預先形成「無法產生」對立的狀況，是一種因應衝突的手段。

②讓步型：部分採納對方意見

由於我到牛津大學念書之前，曾經就讀美國紐約大學，因此將美國式的研究與教育風格視為典範。結果，我發現英國與美國的大學，在討論與交換意見的方法上有很大的差異。

我認為，美式風格屬於「競爭型」。在美國，能夠向對方陳述精闢的意見，可以顯露出自己的優秀，因此發言者是在互相競爭的態勢中展開議論。相對地，在英國，發言者並非針對某個主題激烈交鋒，而是從大家的意見當中，發掘出有趣的部分，並採納部分的見解，讓整個討論更加活潑，這種作法很接近「讓步型」。

依據國情與文化的不同，衝突的型態也會有所差異。因此，應該要培養審慎評估的能力，以及慎選參加議論的方法。

③迴避型：迴避問題，提出自己的意見

在這裡先假設一個課題：一對新婚夫婦為了買房子，進入某個建案的接待中心。他們希望購買坐北朝南（南方鄰接道路）的房子，但是建商想銷售坐西朝東（東方鄰接道路）的房子。由於坐西朝東的房子並非顧客希望的物件，建商應該怎樣說服他們？

如果建商說明的方式有誤，可能會使得顧客堅持要朝南的房子，到最後決定不買。我認為，優秀的業務員會先接受顧客的意見，說「朝南的確很好」，再陳述自己的意見：「但如果朝南，夏天會非常熱，電費開銷會很大。」

然後，業務員會避開問題，不直接討論，並提出新的提案。他會說：「如果朝東，晨曦可以照進來，一早就能感受到美好的一天喔！」並再補上一句：「從東邊可以清楚看見晴空塔，體會住在東京的都會感。」

④合作型與妥協型：強調目標只有一個

小孩的教育問題，經常是引起夫婦衝突的主要原因之一，我家也不例外。妻子與丈夫的主張雖然各有不同，然而最重要的還是尊重孩子的願望。為了避免不必要的爭執，該著眼的並非夫婦之間意見的「差異」，而是要確認彼此是否朝向「相同」的目的或目標持續協調，並從中尋找突破點。

此外，要和諧地解決對立與衝突，應該採取什麼樣的步驟？

基本上，雙方必須①營造出能夠互相吐露真心話的場合；②發掘共通的課題；③以解決課題為目標，共同合作提出因應方法。然後，彼此針對因應方法來進行評價。

最大的武器是事先做足準備

參加求職活動的學生，經常來找我諮詢，他們的問題多半都是：「在面試時沒有自信」。

我的回答都是一樣：「第一是要準備，第二也是要準備，第三還是要準備。」

其實，我的回答就如同日本的一句古諺：「見晚霞、磨鐮刀。」這句話的意思是：看到晚霞，就知道明天將要放晴，今天就先把鐮刀磨好，為割稻做好準備。

舉例來說，在參加求職面試之前，事先徹底調查企業資訊，確實掌握這家公司希望獲得什麼樣的人才、將拓展什麼樣的業務，以及商品的特色如何等。如此一來，就能夠提升回答問題的自信。事實上，無論是報告發表或是面試，緩和緊張最有效的方法，就是做好充分準備。

準備報告發表，這樣做就對了

如果在很多人面前講話、發表報告時，聲音總是會顫抖，無法充分表達時，應該要做好以下準備。

事先決定好發語詞

事先預備好「大家午安」、「各位好，我是某某公司的某某某」等，每個人都能簡單說出口的簡單臺詞，然後面帶微笑看著聽眾，大聲清楚地說出來。

用故事將整體內容記下來

在學會發表研究成果時，有的人會把要說的話一字不漏寫在紙上，然後照著讀出來。但千萬不可以這樣做，因為僅是單調唸稿，聽者會覺得無趣。我建議，可以將發表內容從頭到尾分成大約五個部分，再將每個部分當中想要講述的主題，以條列的形式簡要地寫下來。

我參加過其他國家的學會發表，看到美國等許多國家的學者完全都不唸稿子，手上只拿著簡單的筆記卡。雖然他們有時候會稍微瞄一下卡片，但幾乎全場都像是在和聽眾講話一般嫻熟自然。

不全部說明已備妥的內容也無妨

其實，聽講者不會把發表者發表的內容全部記住。因此，只要在規定時間內，將最重要的事項傳達清楚即可，其他的說明並沒有那麼必要。

不斷練習

在事前練習時，請幾個人先聽聽看，並接受他們的建議，也是很重要。另外，如果有時間，要將自己的發表狀況錄下來，不只是注意發表內容，還要確認一下眼神、聲調及儀態是否恰當。

總而言之，萬全的準備會引領我們邁向成功。這個成功會成為契機，觸發良性循環，讓我們更加全心投入工作。

正式發表時的五個重點

在做好前述的準備之後，接下來就是正式發表了。我先簡單說明，正式發表時有以下五個重點：

①是否一開始就先說結論？

例如「在今天的發表中我想傳達的是……」等，發表要以「合起承轉」的順序進行。而且，一開始說明結論時，最好要控制在十五秒以內。

②是否已將想傳達的內容精簡到三點以內？

如果論點過多，聽者會感到混亂。數字「三」可以讓人感到安定。

③是否含有證據、數字？

不要只用「理念」或「主張」來論述，要舉出能當做佐證的數據。

④是否使用視覺效果？

利用圓形、三角形、四方形等基本圖形，將概念加以視覺化，顏色大約使用三種即可。此外，為了加深聽者對自己的印象，也可以決定一個屬於自己的顏色。我個人基本上偏好綠色，因此總是用綠色統一簡報投影片的色調。

⑤投影片的標題是否簡短，以名詞作結？

以下的兩個文句，你覺得哪一個印象比較深刻？

「現在的企業利潤呈現最高。」

「現在呈現最高的企業利潤。」

各位可以注意一下，無論是在報紙、雜誌或是電視媒體上，出現的標題多半是以名詞作結。

週日是每一週的開始

說到週末，我想大部分的人會認為是週六與週日。實際上，如果有人詢問「上週末做了什麼」，一般人都會回答在週六與週日做的事情。

然而，對於大部分的牛津人而言，週日不是週末，而是一週的開始。在日本，有所謂「海螺小姐（Sasaesan）症候群」，是指每當週日晚間六點半電視卡通「海螺小姐」播出時，人們想到下週一面對一大堆工作，便心情低落的症狀。

我認為，為了從週一開始起跑衝刺，週日就必須將「休息」的心情，轉換成為「準備」的心態。

我在牛津大學留學時，便養成習慣，將週日當做是準備日。在週日的下午，儘量為從週一開始的課程做好準備。只要注意到這一點，心情也會轉變，如此一來，週一早上也不會那麼痛苦了。

話雖如此，人總是必須轉換心情、陪伴家人等，想在週日放鬆一下是非常自然的。因此，我把週末定義為週五晚上至週六晚上，儘量在那段時間出門，參加聚會或是去聽音樂會。

有效撤退能創造下個機會，如何辦到？

在東方社會裡，當戰鬥之際，逃跑被視為不好的行為，一般來說，即使痛苦也要忍耐拚戰到最後一刻，才是一種美德。

確實，如果擁有明確目標，可以期待獲得很大的成功，忍耐就有意義。但是，現實中有很多時候，堅持不撤退其實沒有什麼意義，在沒有任何根據或保證的情況下，只因為「堅忍是美德」的觀念而力拚到底，並非一件好事，有時候甚至需要撤退的勇氣。

逃離就是「不把對方當一回事」

我想各位也都有過這樣的經驗：在每天往返的電子郵件中，有些內容會讓自己的情緒變得很糟糕。就我自己而言，有些郵件會針對我的著作與論文，提出一些毫無根據的批判等，而且多半是匿名。

我一看到這些內容，難免怒火上心頭，想要嚴正反駁，但最後還是選擇刻意忽視，不把對方當一回事。其原因在於，對於這種無的放矢的郵件，即使駁倒對方，可能只會得到無窮無盡的騷擾而已。

因此，我會選擇逃離，也就是貫徹「不把對方當一回事」的態度。具體地說，就是「不回信」、「不看那封郵件」、「不去想對方的事情」。結果，後來也沒有引發任何問題。隨著時間流逝就會解決的事，或許原本就不值得在意。

成功撤退的三個重點

中國戰國時代兵法家孫子的思想，即使在西方各國也受到極高的評價，特別是有關經營策略等學術方面，也被廣泛應用。孫子用兵的原則是：「十則圍之，五則攻之，倍則分之，敵則能戰之，少則能逃之，不若則能避之。」（譯注：出自《孫子兵法》「謀攻第三」篇，這句話意指：我十倍於敵，就實施圍殲；五倍於敵，就實施進攻；兩倍於敵，就努力求勝；勢均力敵，則設法各個擊破；兵力弱於敵人，就避免作戰。）

在戰場上，「有勇氣的撤退」是合情合理的作法。相同地，在現實社會裡，也會遭遇到必須逃離的場面。

①知道必須明智逃離的場面

在人類社會裡，一定有絕對不能讓給他人的寶貴事物，例如：教育、事業、戀愛等。那麼，「若無法滿足某件事，就毫無意義」的基準，該如何訂定？當我們思考這個問題時，**談判協議的最佳替代選項**（Best Alternative to a Negotiated Agreement，ＢＡＴＮＡ）可以帶來豐富的啟發。

在商務的交涉談判技術方面，ＢＡＴＮＡ是一個常用詞彙，是指「如果無法滿足這件事，就放棄退出」的底限條件。

舉例來說，假設某一本小說在車站附近的書店賣兩百元。如果它在住家附近舊書店的價格不低於兩百元，就沒有必要在那裡購買。

由於事先在自己心中設定ＢＡＴＮＡ，也就是「最後一道防線」，能夠合理判斷「脫身」的好時機，因此心中會有餘裕，進而降低無謂的拖延、壓力，以及被他人利用的風險。

在商場上，交涉與談判是無可避免。對於不動產或汽車經銷商的業務員來說，交涉談判技術的優劣會直接影響業績好壞。除了談判對手提示的選項之外，最理想的替代方案就是ＢＡＴＮＡ。在談判開始之前就做好準備，必定能發揮很大的效果。

舉出一個有關業務系統開發訂單的例子。Ａ公司開出一張兩億五千萬元的報價單，但是客戶在考慮Ｂ公司與Ｃ公司的報價之後，向Ａ公司提出希望降價到兩億元的要求。這是商場上常有的事，A公司該怎麼辦？

如果以兩億元的價格承接，幾乎沒有什麼利潤。但是，如果只降到兩億四千萬元，客戶會被其他公司搶走。這時候，BATNA便派上用場。

A公司向客戶表示，願意以兩億兩千萬元的價格承接，並提出替代方案，例如：請對方在系統移交時間上給予彈性、減少系統工程師的人數等。同時，還補充說明：「其實，X、Y、Z等公司都採用本公司開發的類似系統。我們對品質極為要求，沒有接到故障等任何的客訴，可說是歷經確確實實的驗證。」

BATNA有個相反詞，叫做WATNA（Worst Alternative to a Negotiated Agreement）。對於我方來說，WATNA是指「不應該選擇的最糟糕協議」。在商場與國際外交場合裡，這種談判技巧都受到廣泛運用。根據歐美的研究分析，在BATNA方面，亞洲某些流氓政權（Rogue state）的評價很高，相反地，日本的評價卻是非常低。

如同以上所述，當推敲斟酌與對方交涉談判的策略時，必須預先設定BATNA與WATNA。

②「知己知彼，百戰不殆」

前文中提及的孫子，有一個非常有名的教誨，就是「知己知彼，百戰不殆」。這句話的意思是：如果要在戰爭中求勝，不僅要徹底研究敵人，也必須知道自己的強項和弱點。

以下介紹英國大型藥妝店博姿（Boots）的案例。博姿曾經在日本拓展分店，卻不幸在數年之後，黯然退出市場。

我在英國留學時，經常光顧博姿。在英國零售業當中，該企業占據銷售額第一的寶座，而且販賣很多原創的自有產品。它以淺顯易懂的企業形象「高級但容易入手」（prime but accessible），而廣為人知。店鋪的氛圍具有高級感，但三明治與可樂組合餐的價格，卻僅大約兩英鎊。

然而，日本消費者不太理解英國博姿「高級但容易入手」的概念。日本的市場特性與英國截然不同，高級路線與庶民路線呈現兩極化，因此博姿的形象策略無法奏效。博姿與位於日本人住家附近、廣為人知的藥妝店對戰，很快就吞下了敗戰。

博姿的戰略在英國國內可以發揮成效，但是更換地點就無法適用。我認為，其原因在於沒有效法孫子的教誨。

③撤退後一定要分析

完成撤退之後，一定要檢討迴避了哪些事項，以及無法獲得哪些事項。

具體地說，如果撤退成功就覺得安心，是白白浪費這個寶貴經驗。因此，必須思考逃離的必要性、藉由逃離能迴避什麼樣的糟糕結果，還要評估因為逃避而無法獲得哪些事物。

有一種常用的分析方法是「**SWOT分析**」（請見圖表3），意指組織或個人為了達成目標，將自己身處的外部與內部環境區分成四個面向，包括：強項（strengths）、弱點（weaknesses）、機會（opportunities）與威脅（threats），來進行分析。這種方法可用於進行策略性規畫，然後做出維持現狀或撤退等決策判斷。

SWOT分析不只適用於商業經營，最近大學院校進行策略規畫時，也經常加以運用。在此，以大學為例來進行說明。首先，檢視經由調查分析所得到的宏觀環境資訊，例如：考生趨勢、經濟成長、就業動向等，會對大學經營等微觀環境帶來什麼樣

圖表3 SWOT分析（以東京外國語大學的戰略制訂為例）

	內部環境	外部環境
正面	強項 Strengths 語言能力強 學費便宜 就業率高	機會 Opportunities 校園開放 市民講座
負面	弱點 Weaknesses 無理工科系	威脅 Threats 其他國立大學的飛躍發展

的影響。然後，鎖定「機會、威脅、強項、弱點」這四個要素，進一步分析這將對大學造成什麼樣的衝擊。

接下來，運用四個要素，進行「機會、強項及弱點」的交叉分析，決定大學應該實行與必須克服的事項。另一方面，進行「威脅、強項及弱點」的交叉分析，決定大學應該解決、迴避或撤退的事項。

人在面對困難時，會拚命找尋解決方法、靠著意志力硬撐。但一定要記得，在某些狀況裡，「逃離才是贏」，撤退也是一個重要的解決方案。

3

本章重點

■氛圍不是用察覺的，而是用說的。

■鍛鍊自己取得判斷與決斷之間的平衡。

■要區分對立的狀況，分別採取對應方法。

■定期更新做為判斷依據的知識與資訊。

■擁有戰鬥力的最基本方法，就是做好準備。

■決定放棄的底線，透過有效撤退，創造下個機會。

第4堂課

分析力：
沒有標準答案的問題也能解

有原則有假說，磨練分析力

傳統上，在從小學到高中的學校教育當中，記住老師教導及傳授的事項，在考試時正確寫出來的人，才能夠獲得高分。

確實，義務教育階段的學習，包括基本的文字讀寫與計算等，有很多日常生活中不可或缺的知識，因此背誦學習內容並非完全沒意義。

但是，在大學裡，這一類知識記憶型的教育，會隨著學年的提升而遞減。進入社會後，更是少有機會被測試，是否正確記憶了某些特定知識；反而是面對沒學習過、沒經歷過的問題時，該怎樣行動，將受到考驗。而且，有時候無法明確評價，採取某種行動的結果到底是對或是錯。

我認為，**分析力是指，面對沒標準答案的問題時抱持的態度**。

換句話說，分析力就是在「自己設定課題、邏輯思考，並導出結論」的過程中抱持的心態。

看清沒有標準答案的問題

最近，在各種媒體上，人們很熱絡地討論「問題解決能力」的重要性。要培養問題解決能力，前提就是要看清發生問題的本質。

牛津大學教育學研究所的課程，多半都是案例研究。以我的專業領域「比較教育學」為例，在上課之前，學生必須針對每次設定的主題，例如：教育不平等、霸凌等，充分準備相關的基礎知識，鎖定自己有興趣的國家或社會，發掘及分析問題，並且思考解決方案。

教授要求學生，在課前準備期間，不得參考先前發布的講義與指定文獻以外的資料。其原因在於，案例研究是探討實際發生在各國學校或家庭中的教育問題，只要上網搜尋，馬上就能知道一些因應方法。換句話說，在預習階段，經常透過網路找資料，會導致在自主思考之前，就受到他人意見的影響，於是錯失了訓練自己設定問題、解決問題的機會。

哲學比技術重要

我就讀牛津大學的教育學研究所博士課程時，入學第一年還是「見習學生」，就被不斷地訓練，從教育研究者的角度，發現問題並看透問題本質，直到宛如深入骨髓般根深柢固為止。

在牛津，不只是在教育學領域，任何一個領域的學生撰寫學位論文時，教授會彷彿平日打招呼一般，經常提點要「抱持哲學」、「建立假說」。

在西方國家的大學裡，很多課程都是以案例研究的方式來進行，援引實際發生的個案，來預測問題，並思考解決方案。

具體地說，在牛津從事案例研究時，教授教我們不要被案例分析牽著鼻子走，要抱持自己的哲學。這就如同商務人士反覆進行案例學習時，不僅是為了追求利潤，也不能忘記要讓顧客感到滿足。

建立假說，預設自己的理論

另一件事，就是要建立假說。「假說」（Hypothesis）是指，為了說明某種現象或課題，假定出屬於自己的理論，至於是對或是錯，並沒有什麼關係。

學生在研究某些教育問題時，必須思考在當下的時間點上，自己能夠想到的假定解決方案。相較於籠統模糊地思考，透過假說來進行，不僅可以提升分析與調查的效率，也能夠培養分析能力。

能夠看清問題，而且有能力解決的人，都擅長建立假說。相反地，如果無法在解決問題的過程中，建立自己的假說，就會被認為只是參考別人的意見，並非提出自己的意見。

至於建立假說的方法，首先自己要針對某個問題的發生原因與解決方法，思考暫定的建議或結論（這就是假說）。接下來，釐清能夠證明該假說的主張，並蒐集相關

圖表4 「分析力」的基本過程

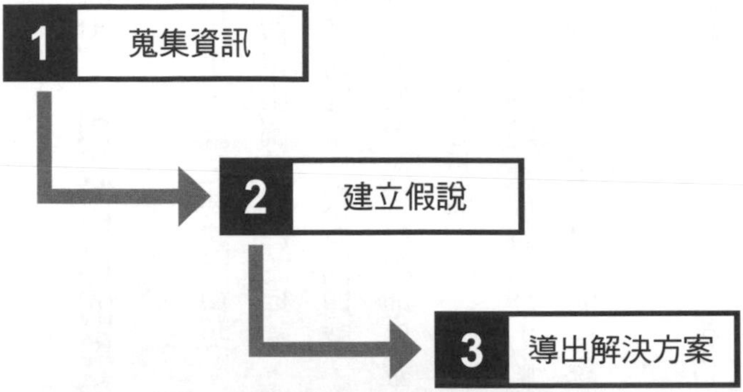

的資訊。然後，解釋蒐集來的資訊，以支持自己的主張。

當要驗證假說的時候，就進入了最後階段。但是，難免會遭遇到不管怎麼做，都無法證明最初假說的情形。在這種情況裡，不需要重新進行一次全部的過程，而是反過來，從結論倒推回假說即可。其關鍵在於，要以前述的假說設定過程為基礎，來進行思考。

不管假說是如何重要，盲目思考、草率設定，反而會使效率變差。要建立良好假說，以下三個訣竅非常重要：

①要提出嶄新且獨特的假說。（誰都能

想到的東西不會引起興趣。）

②不要馬上埋頭於眼前的資料與數據，首先要自主思考。（避免受限於只能在特定的數據範圍內適用。）

③連結到實用的解決方案。（不具實用性就沒有意義。）

牛津大學博士課程的研究生，在通過入學第二年的升級考試之後，便可以開始執筆博士論文。那時候，必須從零開始思考世界上的教育問題，建立自己的假說，並且推導出解答。

設定解決問題的優先順序

當著手解決問題之際，牛津人的口頭禪除了「建立假說」之外，還有「設定優先順序」。

在這個世界上，經常會同時碰到好幾個必須要解決的問題。因此，平時就不斷練習設定處理事情的優先順序，是鍛鍊邏輯思考能力、時間管理能力以及溝通能力的好方法。

我還是牛津教育研究所見習學生時，必修科目「研究方法論」是以討論互動的方式進行，每次上課都有大約十五位同學參加。教室裡，氛圍祥和平靜，飄著古老木材的氣味，沒有擺設桌子，大家坐著扶手附有小木板的椅子，形成一個半圓形，包圍著教授。

在英國、美國、印度、中國等各國的學生當中，我是唯一的日本人。上課時，首先是教授口頭說明，在教育學研究上必要的各種方法論與學說，接著由學生進行個別發表。

其中，畢業於德國一流大學的同學湯瑪斯，在從事教師工作幾年之後，進入牛津教育研究所就讀。或許是因為他具備理工數學的背景，他的思考方式深具特色。在學生各別發表完畢之後，約有十分鐘的提問與討論的時間，每當湯瑪斯發表意見時，同學總會期待他，「對現在發表的課題與解決方法，排列出完美的優先順序」。

在湯瑪斯的思考中，重點不只是對於特定主題提出眾多的課題與解決方法，而是

圖表5 解決問題時，優先順序的設定矩陣

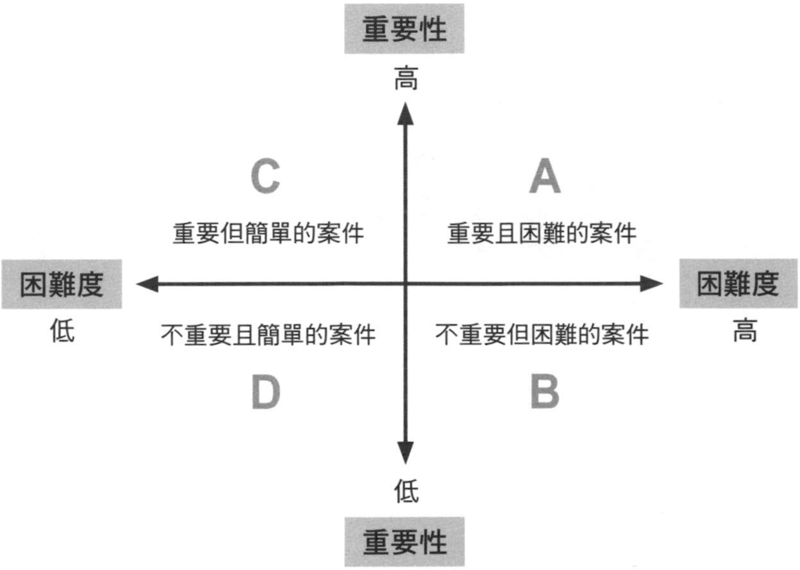

設定其優先順序來進行說明。

當很多課題同時發生時，到底要從哪一個開始著手？根據時間緊急程度，依照順序解決各個課題，是非常要緊的事。

接下來，我說明解決問題時，設定優先順序的步驟。

首先，製作一個由縱軸與橫軸所構成的圖表。如同圖表5所顯示，以縱軸表示「重要性」，以橫軸表示「困難度」。

請問各位一下：你會從

A、B、C、D哪個象限，開始著手解決問題？我認為，應該最先解決「重要性高、但難度低的C」，然後是A與D，最後才處理「難度高、但重要性低的B」。

當人們在日常生活中擔負很多工作時，不少人會將看清問題本質的程序往後拖延，也不設定優先順序，就埋頭處理。有這種傾向的人必須培養以下七個習慣：

- 首先，思考具備自我風格的解決方法（假說）。
- 決定時間，自己決定何時完成。
- 從重要且難度低的工作開始著手。
- 工作不夾雜私情。
- 無法一個人完成時，運用團隊思考對策。
- 不過於追求完美。
- 建立系統（制訂機制）以防遺忘疏漏。

第一步，先確認問題是否出於自己

在牛津大學的學院之間或是街道上，到處都是教會。其中格外引人注目的，應該是位居大學中心的聖瑪麗教堂（Church of St Mary the Virgin）。這個教堂興建於十三世紀，高度為六十二公尺，你若是登上尖塔，就能眺望整個牛津。

我一有時間，經常會到街上的教會。英國的教會與日本的不同，即使不是教友也可以自由進出，還能夠參加禮拜、彌撒及音樂會等各種聚會活動。

有一次，我在聖瑪麗教堂的布告欄上，看到這一段聖經詞句：「你自己眼中有梁木，怎能對你弟兄說：『容我去掉你眼中的刺』呢？」

這是《新約聖經》馬太福音七章四節當中的句子，教導我們要戒除「不面對自己的問題，卻非難他人的缺點或過失」、「根本不知道詳情，就貿然下評斷」的行為。

不確定性規避，人習慣歸咎環境

從家人、同事、朋友等個人的關係，到組織、社會及國家，只要是人群聚集之處，經常會發生一些問題。

在傳播理論當中，所謂「**不確定性規避**」（Uncertainty Avoidance），是指人對於不確定的事物或情況（不確定性），以及未知的狀況，感受到威脅與不安的程度。這個程度會因為國家與文化的差異，而在強弱上有所不同。

此外，當某人周遭發生問題（不確定的事件）時，假如這個問題與他本身直接相關，他會傾向把發生問題的原因，歸咎於周遭環境而非自己。

相反地，當某人不是當事者時，他會傾向把發生問題的原因，歸咎於當事者而非周遭環境，這就叫做「**歸屬理論**」。

舉例來說，當某人生病時，他本人不會認為原因在於自己疏於健康管理，而會認為原因是「昨天太冷了」、「這個國家的空氣太糟了」等。但是，假如別人生病，他會認為原因在於這個人疏忽了健康管理。

跨文化傳播學家吉爾特·霍夫斯塔德（Geert Hofstede），以「不確定性規避」、「個人主義與集團主義」、「權力的差距」、「男性主義與女性主義」、「長期取向與短期取向」等指標，進行國際文化的比較調查分析。

根據分析結果顯示，日本人對於不確定性的規避很強烈，特別是在集團主義的傾向方面，也被歸類為強烈的程度。

總而言之，在發生問題時，不應該怪罪他人或是歸咎於周遭事物，而是應該先確認發生問題的原因是否在於自己。

「基模」的陷阱

根據心理學的研究，當一個人經歷全新經驗時，會有以過去經驗為基礎，來理解並預測未來的認知習性，這叫做「基模」（schema）。

過去的經驗會因為各式各樣的因素，包括個人出生及成長的國家或文化，以及地區或家庭環境等，而受到影響。因此，在與來自不同文化的人溝通時，有可能會招致誤解。

請試想一下，某個在日本土生土長的人，因為出國留學或調職而在英國生活。他對英國人說：「下雨天忘了帶傘出門，結果生病了。」

如果他的說話對象是日本人，應該會立刻認為他「因為淋了雨而生病」。但如果對方是英國人，也會這麼認為嗎？

相較於歐陸其他國家，英國的天氣與氣候應該是最糟糕的。尤其是從深秋到冬季結束，幾乎都看不到太陽，每天都是下雨或陰天。我在牛津生活的那段期間，一開始最不能適應的就是天氣。特別是冬天的日照時間很短，大約從下午三點開始，天色便逐漸轉暗。天氣預報中，晴、雨、陰、雪的符號甚至曾經同一天一起出現。

由於經常出現明明是大晴天，卻突然下起雨的情況，因此很多英國人即使下雨也不撐傘。特別是年輕人，只靠戴帽子或是穿外套來遮雨。所以，英國人不像日本人，會立刻把「下雨天忘了帶傘」，與「生病」連結起來。

必須留意的是，諸如這類的現象顯示出，在出生、成長的文化中獲得的經驗、已養成的習慣，會無意識地反映在我們對事物的看法中。而且，由於談話對象也同樣擁有自己的基模，因此理解對方的基模也是非常重要的。

曖昧的表現與指示，是混亂的根源

「請儘量早點完成。」

「再平滑一點的感覺比較好。」

「請用誠心誠意來對應。」

這三個指示的共通點在於，文意的表現都曖昧不清，讓聽者很難理解具體上該採取什麼樣的行動。

「我把冰涼的啤酒倒進陶瓷杯裡了。那是我的愛好。」

請問這句話當中的「那」，指的是什麼？

「那」是指「冰涼的啤酒」、「陶瓷杯」或是「倒在陶瓷杯裡的啤酒」？有三種可能的解釋。其中，因為「陶瓷杯」最接近「那」字，所以似乎最容易被當成是

「那」字所指的對象。

由此可見，在對話中使用太多「這個」、「那個」，有時候會導致說話者無法明確傳達自己的意圖。

尤其是，當說話者是位優秀的主管，用感覺性的詞語來下達指示時，就要特別注意了。即使雙方是同一國家的人，彼此的對話都可能會出現混亂的狀況，因此若對方是外國人，更是不清楚到底在講什麼。

所以，當主管向部屬下達指示時，不要用抽象的表達方式，應該儘可能使用具體的詞彙。例如：

「請儘量早點完成」，改成「三天後的早上十點前完成」。

「再平滑一點的感覺比較好」，改成「如絲綢般的觸感」。

「請誠心誠意來對應」，改成「用兩手把文件交給對方」。

由此可知，必須留意言詞的表達要儘量清晰明確。

歸納法與演繹法，幫助看破邏輯詭辯

「所以說」、「為何如此」的思考習慣

在牛津大學上導師指導課時，上課的過程類似在電視上看到的桑德爾教授「正義：一場思辨之旅」課程，只是變成了教師與學生一對一的版本。

在上導師指導課時，牛津教授會一直拋出來像口頭禪般的句子：「所以說？」（So What?），以及「為何如此？」（Why So?）。這兩個句子可以運用在以下的對答中。

「所以說？」可以訓練從既有的知識和資訊中導出結論的思考力。藉由「所以呢？」的質疑與提問，產生「因為〇〇，所以△△」的回答模式。其中，〇〇是指知識與資訊，△△則是推導出的結論。

相對於從「所以說？」所導出的結論，**「為何如此？」**可以訓練確認事物是否有明確根據的思考力。面對「真的是這樣嗎？」的質疑，可以回答「因為□□，所以真的是☆☆」。其中，□□相當於根據，而☆☆則相當於結論。

接下來，請參照圖表6，我將以老師與學生之間的對話為例，來進行說明。

【例一】

學生：我們學校的橄欖球隊，在昨天和前天的比賽都無法獲勝（＝理由）。

教師：所以怎麼樣？

學生：所以，我認為學校的橄欖球隊很弱（＝想法）。

圖表 6 邏輯思考的藍圖

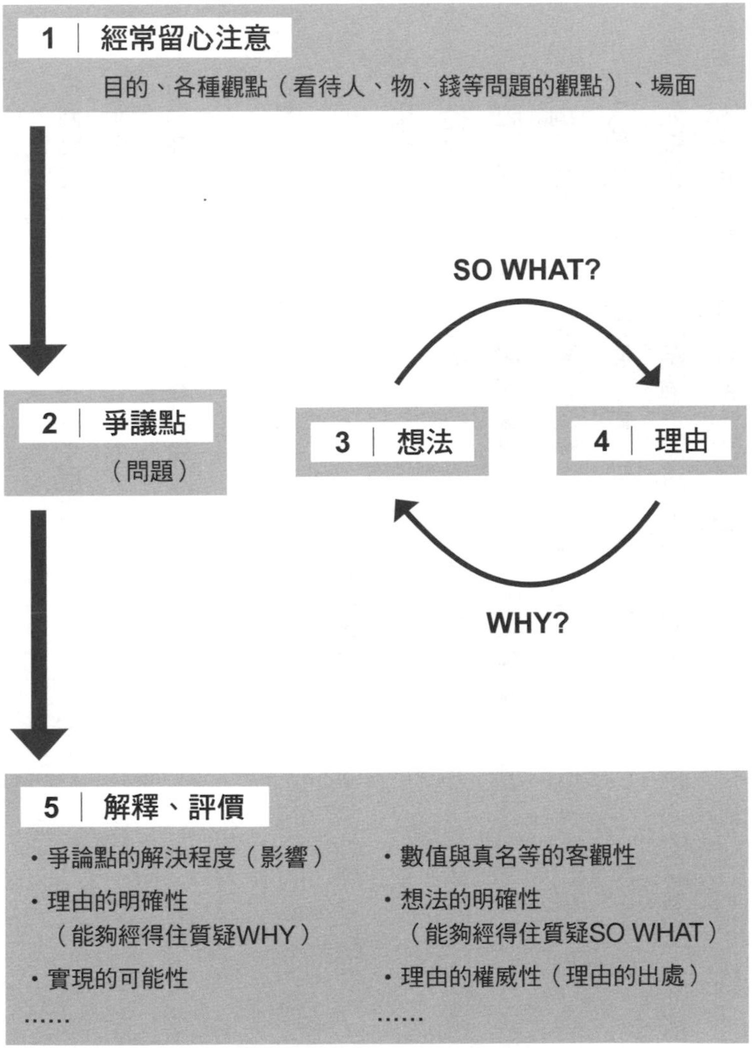
1 | 經常留心注意
目的、各種觀點（看待人、物、錢等問題的觀點）、場面
SO WHAT?
2 | 爭議點
（問題）
3 | 想法
4 | 理由
WHY?
5 | 解釋、評價
・爭論點的解決程度（影響）
・數值與真名等的客觀性
・理由的明確性
（能夠經得住質疑WHY）
・想法的明確性
（能夠經得住質疑SO WHAT）
・實現的可能性
・理由的權威性（理由的出處）
……
……

【例二】

學生：我們學校的橄欖球隊很弱（＝想法）。

教師：為何會這樣想呢？

學生：因為在昨天和前天的比賽都無法獲勝（＝理由）。

在例一當中，我舉出了幾個與爭議點有關的事實，例如：「在昨天的比賽中無法獲勝」、「在前天的比賽中無法獲勝」等。學生以球隊在幾場比賽中輸球做為理由，推導出「球隊很弱」這個結論。

像這樣，從很多各別的資訊裡，導引出一般性結論的思考方法，就稱為「**歸納法**」。換句話說，就是從現在掌握的資訊中，發掘出能夠導出結論的作業流程。

相對地，例二是在思考「球隊很弱」的結論之際，列舉「在昨天的比賽中無法獲勝」、「在前天的比賽中無法獲勝」做為理由。

像這樣，先歸結出一般性的結論，並將這個結論運用於各別場合的思考法，則稱為「**演繹法**」。換句話說，就是針對「所以說？」所獲得的結論，確認具有可接受理由的作業流程。

針對許多各別資料，質疑「所以說？」，並且針對一般性結論，質疑「為何如此？」，就能夠以掌握的數據為基礎，釐清對方到底想要說什麼，或是指出對方的話有沒有適切的資料做為根據。依照這樣的步驟，可以逐步確認邏輯的整合性。

首先，要確認已獲得的資料是否具體。只憑藉任何人都說得出來、到處都有的一般論，無法讓人動起來。而且，以錯誤或是有限的數據為基礎來思考，也沒有什麼意義。對於各別的理由或資料，要重視具體性；對於從理由或資料當中導出的結論，則要重視一般性與通用性。

接著，要確認是否使用修飾語來蒙混搪塞？具體地說，是否有不需要的形容詞或副詞。如果不使用無意義的修飾語就無法說明，等於沒有解決問題。

事實上，我們已經在無意識當中，不假思索地使用上述的思考方法。如果可以使這個過程變得明確，養成有意識地思考事物的習慣，就能夠培養邏輯思考，並且產生有根據、經得起考驗的構想。請各位一遍遍反覆練習，讓這整個過程確實成為自己的習慣，將有助於學會邏輯思考。

二手資訊很危險，如何找出最新鮮的？

為了發現問題，並找出適切的解決方法，過度依賴網路資訊是很危險的。要能夠不拘泥於無用的資訊，準確地認識及發掘出問題點，進一步找到「提出解決方案」所必要的資訊，就必須具備獲得及解讀「新鮮」資訊的能力。這裡所說的「新鮮」，是指這個資訊不太受到提供者的性格與主張所影響。

新鮮資訊：蒐集解讀初級資料的能力

無論在哪個研究領域，當撰寫學術論文之際，參考以前的研究是理所當然的事。我自己也在執筆博士論文時，閱讀了數不清的書籍和論文。但一般來說，要寫出一篇好的論文，光是參考以前的文獻是不夠的。

儘管各個學術專門領域區分資料的方法有所不同，然而撰寫論文或報告時，通常都會使用三種資料：

初級資料：原著或原始資料（政策、會議紀錄、統計、調查、數據等）。

二級資料：根據初級資料所寫成的資料（著作、論文等）。

三級資料：初級、二級以外的資料（報紙、小冊、書籍等，以及其他的印刷品）。

一篇高品質的論文，基本上必須大量使用初級資料，進行正確且多元的分析，進而推導出獨自的見解。

當我就讀牛津大學時，為了撰寫論文，必須蒐集及分析初級資料。由於牛津車站附近的納菲爾德學院（Nuffield College），保管了從第二次世界大戰之前到近年的英國議會會議紀錄，因此我經常過去那裡找資料。

一般圖書館的藏書或論文等，都是透過電腦系統管理，因此很容易檢索與借閱。然而，這樣尋找初級資料的原本，並查出與論文有關的部分，需要耗費相當多的時間。我從開館時間早上九點就進去，直到接近閉館時間才回家，可說是家常便飯。而且，當我前往位於倫敦的大英圖書館找資料時，還必須外宿。我坐在杳無人跡、昏暗的學院藏書庫的地板上，查閱一冊又一冊的會議紀錄，抄寫後帶回家分析。於是，我養成蒐集「新鮮」資訊來解讀的習慣。

獲得新鮮資訊的訣竅

在現今的社會裡，只要使用網路，幾乎能獲得所有的資訊。但是，當你遇到以下的狀況，該怎麼辦？

一位正在找工作的學生，不管再怎麼厲害，應該無法在網路上蒐集到A公司內部的詳細資訊，例如：負責徵才的主管「具體上在找什麼樣的人才」、「到目前為止，聘用了什麼樣的人」等。

那麼，怎樣才能夠擁有這種很難透過媒體獲得的「新鮮資訊」？

①傾聽前輩的建議

像是前述正在找工作的學生，如果有曾經參加A公司面試的學長，一定可以擁有自己想知道的第一手情報。不管在工作或是私生活上，假如認識比自己經驗更豐富的人，就應該經常抱持謙虛的態度，傾聽對方的建議。

或許有人一開始會抱持懷疑，覺得前輩只有一些陳舊過時的想法，因此他們的意見不能夠當做參考。但是，在日常生活與工作上的大部分基本知識當中，有些是歷經數十年的時間蛻變而成，不過還有很多幾乎不曾改變。關鍵在於，難得身邊有如此珍貴的例子可供參考，如果不妥善活用，實在是太可惜了。

②建立真正值得信賴的友誼

自己身邊有多少朋友，掌握了新鮮又有用的資訊，是非常重要的。

我有兩位特別親近的英國友人，從我在牛津大學念書開始，就一直保持聯繫。他們是我博士課程的同學，雖然分屬不同的專業領域和學院，但有共通的研究主題「教育」，所以三個人經常聚在一起討論，或是到小酒吧喝啤酒。

前文中我提及在牛津蒐集初級資料的往事，當時也是因為這兩位朋友擁有一些資訊，我才能夠比較快接觸到必要的資料。

毫無疑問地，與知心朋友之間的交情是一生的寶藏。隨著彼此的信任越來越深，當自己遭遇困難的時候，他們會像家人一樣幫忙，一起思考如何解決問題。此外，這樣的朋友若是擁有有用的智慧或資訊，也會願意無私分享。

③建立具有一貫性、方向性的人脈

要從平常開始，不遺餘力地建立廣大的人脈。為了拓展友誼關係，應該要積極出席各種活動，例如讀書會、異業交流會、宴會等。

牛津大學的日本學生畢業之後，也會參加同學會等聯繫網絡。他們會定期舉辦交流會、讀書會等聚會，交流得非常熱絡頻繁。

如果人們身處特定業界或組織，歷經一成不變的生活或工作，那麼不論自己本身願不願意，視野都會變得越來越狹隘。應該要從狹隘的社群中踏出第一步，讓自己置身於聚集各種人的環境裡。藉由遇見或聯繫那些立場、世代、價值觀不同的人，來建構彼此的信賴關係，並從中展開有意義的資訊交流。

避免掉入資訊陷阱有方法

現在，我在大學授課時，會看到學生當場用手機，來尋找資訊或是做筆記。還有學生在下課之後，用手機拍照黑板上的授課內容。這些都是以前無法想像的事。

由於我讀大學時，頂多是在上語言課程時，拿出電子字典來使用而已，因此這讓我深刻感受到，時代已經不同了。

誰都能取得的資訊不可靠

隨著智慧型手機、電子書等相關科技日益發達，不論在何時何地，我們都有辦法獲得大量資訊，若有不清楚的事物，也可以當場立刻搜尋。

但是，網路上的資訊卻有書籍、電視、廣播等其他媒體資訊所沒有的缺點，那就是任何人都能夠自由地發布訊息，不必經過出版社或是電視臺審閱。透過網路布告欄或個人的部落格，我們可以知道一般人所提供的各種質樸感想，例如：有興趣的餐廳口碑、對於震驚社會的新聞評論等。

雖然我們能夠在很短時間內獲得大量資訊，但是它們良莠不齊。事實上，「誰都能自由發布訊息」，反過來說就是「沒辦法保證資訊的正確性」。我們也時有所聞，有人利用網路匿名的特點，故意散布一些假資訊的案例。

不用「冰山一角」做判斷

此外，要某個單獨個人針對特定問題，從多元的觀點來分析並發送資訊，是有極限的。能夠被傳達的資訊，幾乎都只是整體複雜現象中的冰山一角而已。

即使發送資訊的人沒有惡意，只是強調事物的某個部分，並加以傳達，然而資訊接收者還是可能會產生偏離事實的理解。接下來，透過幾個例子來思考一下。

問題：具有以下特徵的物品是什麼？

(1) 白色的粉末。
(2) 蘊含有害的元素。
(3) 加熱後會變得透明。
(4) 會腐蝕物品。
(5) 持續大量攝取，可能導致死亡。

乍看之下，大多數人的腦海中浮現的，大概是毒品或違禁品。事實上，上述問題的答案是「鹽」。對於提示(1)至(5)，可以進行以下說明：

(1) 在常溫下為白色固體，多半為粉末狀。
(2) NaCl（在化學上稱作「氯化鈉」，而由鈉與氯所構成，氯對人體有害。）
(3) 加熱至大約攝氏八〇〇度，會成為無色透明的液體。

(4)會腐蝕金屬（使其生鏽）。
(5)攝取過量會導致高血壓，進一步引發中風或心血管疾病。

各位從一開始，就能夠推測到它是吃的東西嗎？假如只有提示(1)至(3)，應該更難做出正確推測。

在前述例子裡，我故意提出讓人難以想像會是鹽的提示。但是，從提示(1)至(5)，無論哪一個都沒有錯。

如何選擇必要的資訊

現今，從網路上蒐集資訊已成為理所當然的事。然而，怎樣才能蒐集到可信度高的資訊？

①針對單項事物，從複數的資訊來源獲取資訊

透過網路查詢資料時，儘量從作者各異的不同網站來蒐集資訊。針對同一件事，獲得的資訊內容卻完全不一樣時，表示作者的意圖或立場可能偏頗，因此要特別注意相關資訊的處理方法。

另外，儘可能增加資訊來源，不僅從網路，還要從電視或報章雜誌等。我個人的作法是，第一步先從報紙獲取資訊，至少閱讀及比較兩家主流報紙，然後連同可靠的海外媒體資訊一併判斷。

②不以默契為前提

看到前述問題提示(3)「加熱會變透明」的敘述，應該很少人會想到，要加熱到攝氏八〇〇度才會變成液體，因為提示中完全沒有提到溫度這件事。多數人經常會無意識地只在「常識」的框架裡思考，但是世界上有不少的資訊，像提示(3)一般，利用常識的陷阱，故意讓人理解錯誤。因此，必須注意每個詞彙，自問是否在無意識中，對於某些事物的看法與解釋抱持偏見。

③相較於成功，多從失敗中學習

不管在哪一個領域，成功者的故事都很有魅力，而且值得參考。

人類的記憶原來就是被創造出來的。特別是，相較於快樂的記憶，苦澀的經驗或記憶，會因為「想要忘卻」的無意識心理作用，於是很容易不復記憶。

但是，反過來說，如果某個人的記憶中，存在極深刻的失敗經驗，我認為這才具有衝擊性，而且值得相信。

一般人的印象中，大多數的牛津畢業生在各個領域都很成功，但事實上，不可能所有的校友都能獲得他們渴望的成功。我曾經與幾個牛津畢業生聊天，從他們那裡聽到了一些故事，其中有些人物歷盡千辛萬苦，直到現在都還在持續努力。雖然有些故事的內容令人不忍聞問，但確實隱含了值得學習的人生教訓。

而且，不可思議的是，相較於成功故事，失敗經驗對我而言更具有吸引力。這或許是因為他們的說話方式很高明，明明是很陰鬱的故事，卻能讓我不由自主地聽下去。就像鋼琴與小提琴即使使用相同的樂譜，但是不同的演奏者會造就出完全不同的感覺。

在現代社會裡，資訊科技不斷進步，我們能夠瞬間獲得所需要的大量資訊，因此請牢記，特別是對於網路資訊，不可囫圇吞棗，並且要具備分析能力，選擇正確性高的內容。

4

本章重點

■建立假說，抱持哲學，看透沒有標準答案的問題。

■設定問題解決的優先順序。

■發生問題時，首先確認原因是否出在自己身上。

■對於難以接受的邏輯，用「所以？」與「為何？」來追根究柢。

■對於資訊，養成追溯原著的習慣。

■不只憑事物的局部來判斷整體。

第5堂課

冒險力：打破慣例與既定的和諧

一成不變，失去寬廣世界

這幾年，各種媒體都在報導年輕人「向內發展」的傾向。由於不想出國留學的學生、不想出國任職的社會人士越來越多，因此有些人指出，這種現象持續下去，將導致活躍於全球化社會的人才日益不足，進而對國家未來的發展造成不良影響。

年輕人為什麼想向內發展

關於近年來年輕人不願意出國的狀況，社會各界有各式各樣的看法。根據可靠的調查和數據顯示，在留學美國方面，日本學生有逐年減少的傾向，但另一方面，中國與韓國學生卻持續快速成長。

到底為什麼會產生這種「向內發展」的傾向？

在日本，政府部門、研究單位或是民間組織，都曾經分析其原因，並指出主要原因包括：出國對於未來就職或是職涯發展相當不利；網路等通訊方法極為發達，不必遠渡重洋，也能很方便地蒐集情報或聯絡；國際情勢的不安定化；國內的服務滿意度高等。

旅行無可避免辛勞困難

現今，旅行多半給人觀光或休閒的印象。

然而，據說英語「旅行」（Travel）的語源是法語的「Travail」，原本意指「辛勞、骨折」，以及「勞動、工作、分娩陣痛」等。而且，英語的「Trouble」（困難、麻煩、困擾）也是同一個系列的詞彙。

從旅行的語源可以了解，以前的人們原本就認為，旅行當然伴隨著辛勞和困難。換句話說，沒有辛勞與困難，就是欠缺了旅行或冒險的本質。因此，我們必須做好心理準備，面對冒險或旅行中必然會遭遇的挑戰。

活用冒險的3要素

冒險必須有三個要素，也就是時間、空間及夥伴。

具體地說，只要撥出冒險的「時間」，思考要去哪裡的「空間」，如果還有願意一起行動的「夥伴」，應該沒有什麼令人害怕的事了。

但有時候，從工作等事務當中，也會出現一些令人料想不到的冒險，而這並非出於自己的意願。以下的故事，是從畢業於牛津賽德商學院的友人那裡聽來的。

這位友人到美國出差時，因為時間安排不是很順利，於是不得不在很短期間內，拜訪兩家隔著阿帕拉契山脈、存在競爭關係的公司。

他與A公司約定某一天晚上聚餐，與B公司約定隔天早上八點半見面洽談。他說直到現在依然記憶猶新，聚餐之後已經覺得精疲力盡，卻還得花六、七個小時，連夜跨越阿帕拉契山脈。後來，他一回到汽車旅館，用很短的時間沖了個澡，就立刻退房，然後在金黃色的晨曦逐漸籠罩大地之際，跑到餐廳吃一頓早餐。

他很幸運地一切順利，完成了出差的任務。然而，他認為在那樣的時刻，也只能抱著「船到橋頭自然直」的覺悟，來享受冒險的旅程。

如果每天過著一成不變的生活，人的思考就會陷於陳規舊套，不僅無法湧現新的發想，也會變得無法毅然果斷地採取行動。

「陳規舊套」與「冒險犯難」，或許是正好相反的兩個詞彙。在此，我建議各位，嘗試一下在日常生活中便能簡單做到的「輕冒險」。

冒險在某種意義上，應該可說是一種實驗。只要稍微改變一下心態，就能夠在每天的生活中，擁有新的發現與體驗，進而在讀書或工作上，刺激出必要的思考力與創造力。

正面積極的群體，有哪5個特點？

牛津大學的文化以及受到這種氣息所圍繞的街道，整體上散發出一種獨特的氛圍。從中世紀風格的建築物、身穿長袍的教授與學生，到報時的鐘聲，全部都與一般日常生活的景致相距甚遠。

當年我幾乎沒做什麼準備就投身牛津，實際上在留學的前半年，可說是身心俱疲。現在回想起來，應該是無法適應牛津的特殊環境吧。

特別是嚴格的學校生活、每天時時刻刻都在變化的天氣、冬季短暫的日照時間、不合胃口的英國食物，都讓我覺得很不適應。我越想越鑽牛角尖：「要是這種狀況持續下去，根本就別想要讀書了。」

在那段感到苦惱不已的日子裡，有一天，在課程之間的休息時段，我不經意接觸到平常不太往來的同學，並加入他們的群體。其中，不只有英國學生，還有西班牙、葡萄牙等拉丁文化圈與發展中國家的學生。

這些人淨是聊一些非常愉快的話題，例如：「昨天報告寫不出來，於是喝光一瓶紅酒就跑去睡了」、「這個週末要不要辦個聚會」等，因此氣氛非常熱絡。此外，來自非洲或中東國家的學生，則是談笑風生地說：「因為自己國家的教育制度還有很多不足之處，以後要成為教育部長進行改革」、「英國的天氣很糟糕，但比起自己國家的酷熱，根本不算什麼」。

在那裡，我頓時覺得如釋重負，這大概是因為我一直以為，只有自己不適應牛津大學的環境。和大家在一起，讓我心裡逐漸不再那麼緊繃，終於能夠找回積極向前的心態。

潛進正面積極的環境

不論是在家庭、學校或是公司，必定都有氣氛愉快、思考積極的群體。在這樣的環境裡，自然而然會湧現出精力與幹勁，讓人擁有「好！就來拚一場吧！」的心情。

我將這種群體命名為「正面積極的群體」，它具備以下的特徵：

- **開放且來者不拒。**
- **大聲交談且笑聲不絕。**
- **想法積極，對於未來有明確的願景。**
- **精力充沛，有行動力。**
- **不說他人的壞話或抱怨。**

那麼，該如何發現這樣的群體，並融入其中？

首先要時常到處走動，觀察周遭的環境。只是一個人沉思苦想，或是呆坐在桌前，絕對無法找到正面積極的群體。因此，不要局限於自己所屬的組織，要積極嘗試參加自己有興趣的領域，或是地方政府的活動。

如果發現了正面積極的群體，接下來應該要思考該如何融入，該怎麼表現自己比較好。

在東京外國語大學，我負責的課程是留學生與日本學生在同一間教室內學習，使用的言語是英語。在比較這些學生之後，我發現外國留學生發言敏捷伶俐，不管對什麼都抱持積極態度，而日本學生則給人溫順老實的印象。

第一次上這種課程的日本學生，在最初幾堂課時，多半都沒有什麼表現。但只是和留學生在一起，學習他們的說話方式、發言時機及獨特見解，在潛移默化當中就會進步。

因此，要融入正面積極的群體，以下幾點非常重要：

從置身於群體開始

剛開始不必勉強參與對話，只是待在那個場合即可。僅僅是共有那個環境，也能夠逐漸熟悉與融入。

不和他人比較

身處在群體裡，如果拿自己與他人做比較，就會時而有自信、時而喪失自信。因此，還是維持自我風格，自然地表現自己就好。

發現共通話題

從工作內容、研究主題或嗜好等，添加自己擅長的話題。

以「成功二：失敗一」來思考

對於是否能夠順利加入積極正面的群體，成功與失敗的比例大概是二：一。

如果不幸進入消極的群體

在現實社會裡，不可能所有的團體都是正面積極，也會有特性完全相反的團體。如果身處在充滿消極負面想法的組織或群體裡，連自己也會變得心情沉重。

假若不得不進入這樣的團體，就得努力不要在意他人的言語與動作，對自己抱持自信。例如：專注處理工作、比誰都早到公司，或是自己率先執行大家都討厭的任務等，都很有效果。

這一章的主題是冒險力。獨自一個人冒險，很容易感到害怕不安，但如果能夠與正面積極的夥伴在一起，就可以有勇氣，毅然決然地付諸行動。另外，如果你認為「根本沒有什麼正面積極的群體」，何不嘗試自己打造出這樣的團體？

4種方法產生「自我效能」，去除焦慮不安

擁有「自我效能」

現在回想起來，確定要就讀牛津大學、前往完全沒去過的英國留學，也是一種冒險。到目前為止學得的知識、具備的英語能力，到底是否足以讓我跟得上頂尖的牛津學業？對於這些疑問，我充滿了焦慮與不安。

最終，我還是選擇了到牛津留學，如果說有什麼力量讓我下定決心，那應該就是「自我效能」（self-efficacy，譯注：指個人對自己能夠完成某事的信念）吧。

加拿大的心理學家阿爾伯特・班杜拉（Albert Bandura）提倡，可以運用一些方

法，去除存在於人類無意識中「不擅長」的感覺與不安。他指出，只要透過以下四個方法，就能夠創造出「自我效能」：

①進行替代性經驗

不是自己親身的成功經驗，而是藉由聽聞他人的成功經驗，思考「自己是否也能夠做到」。像我本身就是在留學牛津之前，聽聽牛津日本校友的經驗談、看很多英國電影等，來提升自己的自信心。

②參考他人的鼓勵與格言

當我決定要前往牛津留學時，父母親的話語給予我非常大的鼓勵。他們說：「人生只有一次，就照自己的意思去做吧」、「要做大多數人不會做的事」。我妻子說：「即使失敗，船到橋頭自然直」，也真的讓我深具勇氣。

此外，前人留下來的話語與格言等，也非常有幫助。舉例來說，二十世紀偉大的作家及教育家海倫・凱勒（Helen Adams Keller）曾說：「人生若不是一場充滿危機的冒險，就是一無所有。」這段話深深打動我的心，直到現在，依然是我下決斷時的座右銘。

③改變心靈與身體

挑戰「在牛津留學」這個重大目標，並獲致成功，並非一件容易的事。因此，我先累積從平常就能獲得的小小成功經驗，來強化自信心。

當時，我剛從美國學成歸國，因為飲食生活不規律，胖了很多，於是立下「在一定的期間內，絕對要減重幾公斤」的目標，並且下定決心，如果能夠達成，就要穿英國製的窄版西裝，然後開始付諸實行。我只是持續以下的飲食生活，三個月就減了將近四公斤的體重：

- 一天吃三餐，並且有規律。
- 早餐豐富營養，晚上十點以後不進食。
- 細嚼慢嚥。

- 選擇低脂、高蛋白的食物
- 以植物性脂肪代替動物性脂肪。
- 多吃蔬菜、菇類、海藻。
- 調味清淡，控制鹽分攝取。

四十歲以後，我還注意以下兩件事：一週最少讓肝休息兩天，也就是有兩天不喝酒，並且決定吃甜食的次數，當成是犒賞自己。

想要不發胖，最重要的關鍵是：減少暴飲暴食、防止過度攝取熱量。

④說出來、開始做、持續停留

如同前面所述，重要的不是突然挑戰遠大的目標，而是階段性地累積小小的成功經驗，創造出自己的勝利方程式。而且，在每個成功時刻，具體地將成功理由寫在筆記本裡，建立模式，不斷持續複製，自然很容易獲得信心與實踐的動力。想要提升小朋友、學生或部屬的冒險力，也可以參考這樣的方法。

除了能力過人的天才、經濟上完全不虞匱乏的人之外，「到牛津學習」這件事無疑是人生的一種冒險。

我認為，每個牛津人都具備決心冒險所必需的三個「S」：**說出來（Say）**、**開始做（Start）**、**持續停留（Stay）**。

首先，向周遭的人說自己想做的事。藉由給自己壓力、獲得周遭人的鼓勵，就會湧現勇氣。接下來，重點是馬上開始去做。因為，若不在想到的當下，就立刻採取行動，衝勁與熱情可能會冷卻下來。

最後，持續停留在最終到達的地方，至關重要。無論是旅行、換工作或是搬家，人身處在不熟悉的環境，難免會因為不安與恐懼，而想要逃離那個地方。然而，有一種說法是，人擁有在無意識中努力適應環境的能力。因此，在熟悉環境之前，不要焦慮或是不耐煩，抱持著逐步適應的態度是很重要的。

從每天的簡單實驗開始冒險

習慣於便利、效率及輕鬆，讓生活流於一成不變，容易導致思考能力降低，沒有動力嘗試新事物，也無法毅然決然採取行動。

為了避免發生這種情況，我曾經做一些冒險，它們都是日常生活中能夠簡單做到的事。接下來，我介紹其中幾個，提供各位參考：

改變通勤通學的模式

一般來說，我們每天通勤或是上學時，都是走同樣的道路或路線。這大概是因為這些道路或路線距離最近，能夠最快往返的緣故。但如此一來，正好掉進因循守舊的陷阱裡。

為了脫離這個難以感受到變化的狀態，我們可以做個實驗。其中一個最簡單的方法，就是嘗試改變通勤、通學的路徑。

在牛津大學留學期間，每天早上我都是從住的地方步行走到教室。因此，不免總會選擇最短的路徑。某一天，我突然想要嘗試走別的路去學校，便隨心所欲地這樣做。結果如何？我發現那條路上，有我從來沒見過、很棒的咖啡店，以及很稀奇的雜貨店。突然覺得這些店明明就近在咫尺，至今卻不曾造訪，實在很可惜。

由此可見，稍稍改變一下平常通勤或上學的路徑，即便只是這樣微不足道的小事，有時候卻能有令人驚喜的新發現。

挑戰未知的食物

在其他國家，有很多我們不知道的食物與飲品。英國有名的食物是：炸魚薯條、燒烤牛肉、烤馬鈴薯，以及味道質樸、沾果醬和奶油食用的司康點心。在蘇格蘭，我還品嚐過名為「羊雜布丁」（haggis）的稀奇料理。

「野味」（game meat）是指經由狩獵而獲得的野生動物肉類，例如：鴨、雉雞、兔子、鹿等。對我來說，這個詞彙非常陌生，但對於從前是狩獵民族的西方人來說，野味是飲食文化中不可或缺的東西。

大多數的牛津學生都在學院餐廳吃飯，裡面還擺設高桌，因為教授座席比學生的高出一截。到了野味當令的季節，有時候菜單上會出現野味。

在日本，若非特別場合，通常不會吃到嫩煎雉雞或兔肉。一開始我對此頗為抗拒，但是品嚐後，慢慢了解充滿野性滋味的鮮美。

至於啤酒，除了日本主流、碳酸較強的窖藏啤酒之外，他們也經常飲用碳酸較弱、接近常溫的苦啤酒。

英國威士忌的種類很豐富，我偏好波摩（Bowmore）、拉加維林（Lagavulin），而且喜歡十二年份的，將它們當做伴手禮送給上司，非常受歡迎。

不論未知的食物與飲品是否美味，曾經嘗試的經驗可以做為日後的話題，因此請大家一定要挑戰看看。

活動身體激發五感

如果持續一成不變的生活，會逐漸缺乏運動，身體的感覺也會變得駑鈍。因此，得留心要適度運動，重新振作精神。要不要嘗試一些新的運動或嗜好？

在牛津有一種名為「撐篙」（punting）的水上活動。學生讀書之餘，常將它當做消遣。在流經市街的河川上，時常可以看到這樣的光景：三、四個人乘坐一艘細長形的船，一個人拿著長竿子站在船的後端，撐著船使其前進。這看似很簡單，但實際嘗試後，才發覺要操縱一條船真是不容易。

我曾經撐篙幾次，最初想單靠著手臂的力量讓船移動，卻無法順利成功，隨著撐篙的次數增加，逐漸了解需要運用腿力和腰力來掌舵，操縱上也更加純熟。

鍛鍊驚訝的感覺

表達人類情感的詞彙當中，有「喜怒哀樂」一語。「歡喜、憤怒、哀愁、快樂」

這四種情感，是由「歡喜」開始的。我認為，歡喜其實蘊含了驚訝的成分。在涵義上，與英語的「entertain」（使歡樂）相近。

當人遭遇到預料之外的事情時，會覺得驚訝，然後由此轉化成歡喜或是恐懼等情感。即便只是小小的驚奇，也會為人帶來喜悅，有時候還能成為打破陳規舊套的契機。

曾經有一天，有位平常與我交情很好的學院友人邀我外出，並且以意想不到的方式，為我慶祝生日。當時，我感到非常驚訝，而且直到現在，依然清楚記得自己非常開心。

由於那一次的經驗，我開始以不同的角度來看待周遭的人事物，特別是一直以來我總是視為理所當然、沒有特別留心對待的朋友。我發現，原來他們很用心地對待我。

事實上，要讓人感到驚訝並非一件容易的事。要考慮對方的性格，並同時思考如何才能創造意外性，讓人感到驚訝。但有時候，即便只是很小的事，也可以產生令對方驚訝的效果。舉例來說：

- 很自然地慰勞一下公司同事，即便只是送上一個罐裝飲料。
- 把公司提供的綠茶，很自然地換成紅茶。
- 原本總是用電子郵件溝通，改變成信件往來。
- 帶頭做家事或是帶小孩。

無論在何時何地，都可以創造出小小的驚喜。很重要的是，能否把自己對於某人的關心，透過某種形式呈現出來。

此外，製造驚喜也是發揮自己創造力的時刻。由於能夠馬上知道對方的反應，因此自己也能夠從中得到快樂。

請試著思考一下，怎樣為家人、部屬、男女朋友或友人帶來驚喜？

人生要沒後悔，得做好冒險的準備

人若是目標不明確，就會感到猶豫躊躇。如果在行動之前，就感到不安：「假如迷失方向，或是遭遇重大失敗，該怎麼辦？」那麼即使有心去做，最終還是不會付諸行動。但是，到了後來，卻會想著：「假如那時候放手去做就好了」，而後悔不已。我想，大家多半都有這樣的經驗。

基本上，我都會勸告學生，與其「不做而後悔」，還不如「做了之後失敗」。只要我待在研究室裡，就會有學生懷抱各式各樣的問題，例如：升學、就業、留學、戀愛，前來傾訴。我發現，最近的年輕人不管面對什麼事情都很消極，沒有魄力，導致常被揶揄是「草食動物」。

其實，我們年輕時也是如此。但有些事情唯有在年少時才能做得到。不採取任何行動，平白讓機會流逝，只會徒留後悔與遺憾。所以，毅然決然地放手去做，即使失敗了，至少還能夠得到寶貴經驗，為下一個機會做好準備。

當然，這樣的失敗經驗，必將成為未來更大冒險的養分。

幻想冒險

我們平日因為時間與經濟上的限制，即使想要冒險，也難以付諸行動。如果能夠隨時隨地，不受金錢和時間的限制來冒險，那會是什麼樣子？答案就是在你的腦中冒險，也就是享受「幻想冒險」。舉例來說，想要去英國觀光，但不僅要花錢，也沒有這麼多時間，因此無法輕易實現。這時候，可以到附近的圖書館，找找英國的歷史書籍、美術字典或是旅遊指南等來閱讀。

英國到處都有考古學遺跡或是歷史建築物，像是「巨石陣」（Stonehenge）便是最具代表性的古代遺跡之一。你在腦海中全力發揮想像，思考：「這樣的遺跡到底是為了什麼目的而建造？」「那個時代的人過著什麼樣的生活？」如此一來，可以在匆忙的生活中，享受短暫的幻想冒險。

人生重大事件影響未來

當你被問到人生重大事件時，腦海中會浮現什麼？每個人都有自己的人生大事，例如：大學入試、就職、結婚、生產、轉職等。對於年輕人而言，這樣的事情存在於未來，是今後可能會碰到、有如冒險一般的經歷。

另一方面，如果詢問已有一定年紀的人：「對你而言，人生的重大事件是什麼？」我想大多數的人會說自己以前經驗過的事，像是就職、結婚、轉職等。

不管你到了幾歲，在每個時刻都會有具備冒險要素的事件，在未來等待你去體驗。儘管我已經年近五十，在現在與未來的人生中，還是有很多事值得我去嘗試。

牛津人出席同學會時，除了聊聊各自正在從事的工作之外，也經常會談論自己幾年後想做什麼樣的事。

「可是」喚來負面思考

A問：「一起出去散步吧？」

B答：「可是現在沒有心情……」

有些人經常會對他人的意見或詢問，一直說「可是、可是」。「可是」這個詞彙，是在對方還在說話時，就已經先自行認定他接下來要說的話，因此降低了坦率接受他人意見、因話語而感動的機會。甚至，在說出「可是」的時間點上，整個對話就已經朝向否定、消極的方向了。

所以，最重要的是，從今天開始，儘量不要說「可是」。要經常保持積極正面的思考，如此一來，行為舉止與結果也會變得積極正面。或許，我們平常的口頭禪，就已經決定了能否產生出新的行動力。有時候，只是稍稍改變心態，也會湧現採取冒險行動的氣力。

用自己軸與時間軸，決定新的開始

到目前為止，已說明在日常周遭就能夠冒險的方法與效果。進一步，我們可能會想要尋求更強烈刺激，做更多冒險，在不知不覺中，思考：「要在什麼時候、去哪裡才好？」。

休假期間，牛津大學的學生經常會出門旅行。光是在英國國內，就有許多深具魅力的觀光地點，例如：倫敦有大笨鐘（Big Ben）和大英博物館；坎特伯雷有坎特伯雷大教堂；埃文河畔的史特拉福（Stratford）是莎士比亞的誕生地；蘇格蘭有愛丁堡城堡（Edinburgh Castle），以及因彼得兔而聲名大噪的威爾斯湖區等，簡直是訴說不盡。

雖然英國並非位於歐洲大陸，但是倫敦與巴黎之間有名為「歐洲之星」的高速鐵路服務，短時間內就能夠往返。此外，從巴黎可以轉乘飛機或是鐵道列車，其路線遍布整個歐洲，因此能夠輕鬆優遊在各國之間。

我也有搭乘火車遍訪歐洲的經驗。車窗外的美麗景色，隨著國家的不同而出現變化，以及與各式各樣的人邂逅，都在我被學業逼得喘不過氣、一成不變的日常生活中，給予我新的刺激。

仰仗自己軸與時間軸

我規畫旅行行程時，都是運用「自己軸」與「時間軸」來做決定。

所謂「自己軸」，是指去除自己身上多餘的部分之後，剩下像芯一樣的部分。具體地說，就是不依賴大量的資訊，也不徵詢他人的意見，而自然湧現出來，像是願望般的東西。例如，在公園散步時，微風輕拂，突然產生「好想要看荷蘭風車」的情感。所謂「時間軸」，如同字面上的意義，是指自己在時間上的餘裕。

接下來，讓我們以這兩個軸為基礎，依據種類的不同，來看看有哪些冒險。

圖表7　冒險計畫矩陣

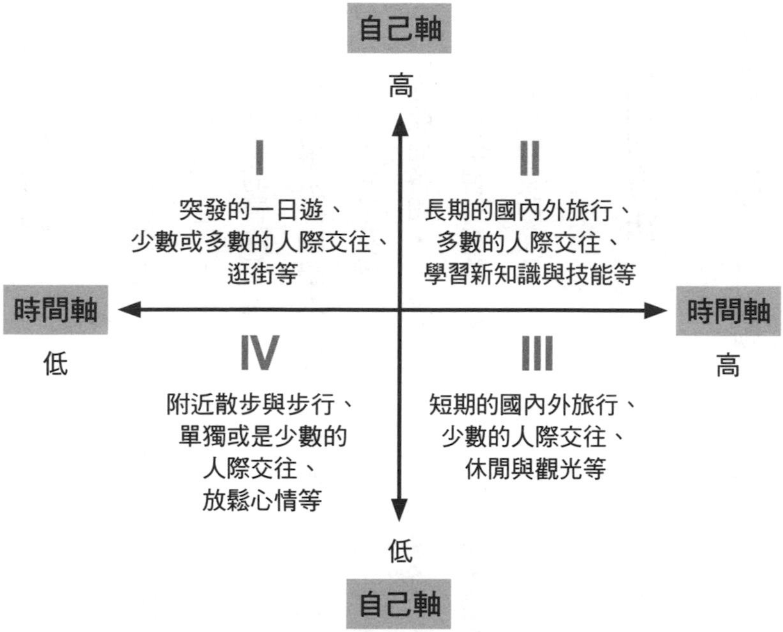

將縱軸做為「自己軸」，中心點以上是意欲高，以下是意欲低；橫軸則做為「時間軸」，中心點右邊是有時間的餘裕，左邊則是沒有。

這樣的架構形成了四種類型的冒險：Ⅰ象限是自己動機高昂，但沒有時間；Ⅱ象限是動機與時間兩方面都很充裕；Ⅲ象限是有時間、但是動機很低；Ⅳ象限是動機與時間都不充裕。

靈活運用四種冒險

不可否認，不管是學生或是上班族，即使有冒險的心，仍然難免受到時間與經濟的制約。即便如此，也不必完全放棄冒險，要根據所擁有的時間與心情，來檢視在各個時刻中能夠從事的冒險類型。

在我任教的東京外國語大學裡，大多數的學生都會休學一年左右，到自己專攻語言的國家去留學，除了英國、美國、法國、德國、俄國等先進國家之外，還有寮國、緬甸、印尼等亞洲各國，以及非洲、中東各國等各式各樣的國家。學生為了強化語言能力，累積自我學習的經驗，運用一整年的時間，隨心所欲地去留學。這就是前述位於第Ⅱ象限的理想冒險類型。

鞏固自己軸的方法

剛才已簡單介紹了「自己軸」，但依據個人狀況不同，或許有些人會覺得納悶，產生疑問：「根本沒有什麼自己軸」、「要如何才能擁有自己軸」等。

事實上，牛津大學集結了很多擁有自己軸的人，也就是明確建立自我主張的人。牛津人因為擁有自己軸，而具有以下很明顯的共通特徵：

・認知「自己軸」是人生中不可或缺之物。
・成為不過度依賴他人、自立自主的人。
・在做重要決斷之際，擁有明確的基準，而且不會動搖。
・不畏懼失敗。即使失敗了，也有可以回歸的主軸。
・儘管已確立自我，心靈上依然擁有能察覺他人情緒的餘裕。

如果孩子、學生或部屬還沒擁有自己軸，多半是因為他們沒察覺到抱持自己軸的重要性，也不知道找到自己軸的方法，甚至可能存在「不善於面對自己」、「不好意思抱持自我風格」的問題。在以集體行動為主的社會裡，有這種傾向可說是不足為奇。

要釐清自己軸，並非由內而外，而是透過與其他人的交流，才能夠逐漸浮現出自己的輪廓。

牛津大學是一個由人種、語言、文化等特色各異的眾人所匯聚的地方。因此，即使一開始不清楚知道自己軸，終究也會逐漸浮現出來。

我們每一個人都必須抱持虛心理解異文化的態度，再度審視自身民族的文化與價值，然後透過語言，與對方互相傳達彼此的心思意念。這樣「異、自、言」的三個步驟，便是進行「異次元」冒險的先決條件。

此外，我們不需要從一開始，就過於堅決地認定「自己軸」為何。其原因在於，自己軸最終所需要的，是在與其他人交流、受到影響時，經常能夠依據狀況，適度產生變化的柔軟性。

5 本章重點

■進入野心勃勃者的群體，感染積極正面的氣氛。

■用自我效能去除擔心的事物。

■不忘記「說出來、開始做、持續停留」的赤子之心。

■從每天都能做到的冒險，來激活五種感官。

■在心中描繪未來的生活事件，積極生活。

第6堂課

表現力：準確傳達意念，留下最佳印象

不僅展現自己，還能了解對方

各位知道《豆豆秀》嗎？這是一個家喻戶曉、超高人氣的英國喜劇節目。飾演劇中主角「豆豆先生」的艾金森，是牛津大學的畢業生。他在知名的皇后學院（Queen's College）學習電機工程時，就以喜劇演員的身分嶄露頭角，走遍城中各個劇場參與演出，博君一笑。

《豆豆秀》這齣喜劇影集幾乎沒有對白，艾金森以他豐富的表情、獨特逗趣的動作，來吸引觀眾，讓他們開懷大笑。本章會說明，這是一種不依靠言詞（即非語言溝通）的「表現力」。

提升「表現力」的要點

活躍於全球各地的菁英，包含牛津大學的校友在內，除了擁有學力與才能，多半還擅長向周遭的人凸顯自己的優點。牛津人會將自己成長的環境、接受的教育，以及建立的人際關係等條件完美融合，再加上自己的風範、禮儀及時尚，來充分發揮表現力。

①不會迷失自己的談話主題

在談話之際，有時候會受到場合氛圍的影響，導致停止或是岔開話題。為了不被當場的氣氛牽著鼻子走，牛津人會預先在心中釐清，到底想要向對方傳達什麼樣的觀點，並在談話時隨時提醒自己。

②體貼對方的心

民族觀、價值觀、宗教觀、性別觀、語言觀，以及職場相處方法等，都會因為國家與文化圈的不同，而有所差異。在世界各地活躍的人們，為了不給對方不愉快的感覺，都會事先培養基本的國際禮儀與知識。

③擁有活絡氣氛的才藝或說話術

我與牛津的同學相處之後，發現他們都擁有可在人前展露的才藝，以及談論嗜好與專門知識時，不會讓人覺得無聊的談話技巧。牛津匯聚來自世界各國的人，因此經常可以看到留學生穿著母國民族服裝，或是表演傳統的歌謠或舞蹈。

我有一位英國同學不僅是數學教師，還是歌劇演唱家。某一天，他和我們談論歌劇，除了歌劇歷史、演唱方法之外，還述說他受過的教育，以及在音樂會上的失敗經驗，都很傳神有趣。雖然我沒有歌劇專業知識，但是這位同學的談話讓我不禁聽得入神，等到我回過神來，已經過了很長時間。在和其他同學聊天時，也曾有好幾次類似的經驗。

生活起居簡樸實用

此外，有關於食、衣、住等生活起居的品味，也需要表現力。

牛津人對於生活起居有一種共通的時尚感。總體地說，基本上就是質樸簡單、持久實用。

經濟學之父亞當・史密斯的代表作《國富論》（*The Wealth of Nations*）、「看不見的手」等理念與詞彙都很著名。他曾經說：「我是為了實現國民的幸福，才撰寫國富論。但是，對於一個人而言，超過所需程度的財富沒有什麼意義，也不會增加幸福感。另外，過度追求幸福，終究會招致不幸。認為只要地位高、成為有錢人就能獲得幸福，是永遠不會被滿足的欲望。」

亞當・史密斯斷言：「一個人若是追求最低所需以上的奢華，將會變得不幸。」

根據我的觀察，牛津大學的學生不論男女，在學期間對於服裝、髮型、物品等相關的流行，幾乎漠不關心。實際上，有的人一年當中只擁有夏冬兩季各一套衣服，我和同學通常是光顧牛津街上的幾家樂施二手服飾店。

度過如此樸質的學生生活之後，牛津人進入社會，從穿著時尚開始，基本上都是採取「簡單生活」的模式。當然，英國也有很多像是博柏利（Burberry）等全球知名的品牌，牛津人在社交活動中，有時候會依據場合穿著高級衣著服飾，而客人所使用的餐具，也是瑋緻活（Wedgwood）的產品。

時尚品味先從良好的儀態開始

然而，即便穿著再高級的衣著服飾，如果周遭的人給予不好的評價，便失去了意義。我認為，牛津人基本上都擁有穿衣服的竅門，即使是普通便宜的衣服，也能夠穿著得體、適合自己，而且美觀大方。而那個竅門就是「保持良好的儀態」。

我平常會很留心一些事，其中之一就是保持良好的儀態。原因在於，我有站在講臺上面對許多學生的壓力，因此總是很留意自己的儀態。

一般來說，良好的儀態包括：

- 不在身上加諸無謂的力氣。
- 頭頸保持端正，與背骨呈一直線。
- 不過度挺胸，而且不駝背。
- 兩腳站開與肩同寬。
- 兩手交叉於胸前，看起來會有自信。

但是，如果長時間在電腦前工作，或是行動比較匆忙，有時候不管再怎麼留意，儀態都會大打折扣。特別要注意，如果經常穿著皺巴巴的西裝、襯衫下擺沒塞在褲子或裙子裡、領口過大，或是鞋後跟已經磨損了等，就會影響整體的儀態。

當我發覺自己儀態變糟糕時，會努力改善，例如：提沉重的行李時，要左右手平均分配，將重心放在腳的大拇指。另外，定期到整骨或按摩院，調養及矯正身體的筋骨。

將幸運物品納入個人時尚

緬甸獨立運動領導者、諾貝爾和平獎得主翁山蘇姬，是牛津大學的名譽博士。她頭髮上的花狀髮飾，與她已去世的英國丈夫在她生日時送的花，是同一個品種。對於翁山蘇姬而言，這個髮飾是一種對軍事政權無言抵抗的象徵。

關於個人時尚，我也有一項堅持，那就是穿著設計綁鞋帶款式的「牛津鞋」（Oxford Shoes）。由於十七世紀左右，牛津學生經常穿這樣的鞋子，因此才會有這樣的暱稱。

我的牛津鞋是父母親祝賀我獲得牛津博士學位，在畢業典禮當天送給我的，可說是充滿回憶。還記得在留學期間，看到街上鞋店櫥窗裡展示的漂亮鞋子，會覺得遙不可及，而深深懊惱、嘆氣不已。

直到現在，在參加學會或出席重要場合等關鍵時刻，我還會把這雙鞋當做「幸運鞋」來穿。對我而言，這是能帶給我能量，讓我擁有自信與勇氣的物品。

在每天忙碌的生活中，經常沒有心力顧慮到時尚。即便如此，請不要忘記以下幾個基本原則：

服裝與頭髮以清潔為主

在服飾店購物或是在理髮店修剪頭髮時，總會想要提出自己的期望，但有時候讓這個行業的專業人士，來推薦最適合自己的衣服與髮型也不錯。

將老人臭變成華麗香

西方國家有非常多種類的香水。香水不一定要用很昂貴的，可以養成在外出前輕輕噴灑一下的習慣。依據時間與場合使用不同的香水，也能夠改變心情。

適度改變造型

每天都穿著一樣的衣服，周遭的人對你的印象就會越來越淡薄。有時候，大膽地改變造型也很重要。

確實傳達自身意念的說話術

各位是否看過《王者之聲：宣戰時刻》（*The King's Speech*）這部電影？整個故事是基於史實改編，內容講述深受口吃之苦的英國國王喬治六世，在妻子與周遭人們的鼓勵下，克服口吃，成為國民愛戴的國王。在第二次世界大戰一觸即發、充滿不安的年代，國王出色的演講深具振奮民心的力量。

①釐清「想要傳達什麼」

所謂「優異的話術」，重點在於表情、手勢及抑揚頓挫。但其中最關鍵的是，事先釐清與對方談話時，自己想要傳達什麼。

舉例來說，在向心儀的異性告白時，不管讚美對方的優點再多次，如果不明白說出「我喜歡你，請你和我交往」，可能不會有任何進展。

當演講或是發表簡報時，應該明確釐清想要傳達的事項。在學校課堂上，也是如此。如果指導者能夠明確釐清想要向學生傳達什麼，內容就會易於理解。

②決定談話的「著地點」

在我指導的畢業生當中，有人成為專業主持人。這位說話達人表示，不論是什麼類型的談話，都必須有「著地點」。

舉例來說，客機從起飛的瞬間開始，便朝向目的地前進。如果沒有決定目的地，就只能在空中徘徊。進行會議或商洽，也是同樣的道理。如果沒有事先確定著地點，談話或討論就會永無止盡地延續下去，沒完沒了。因此，像是開會這種多人參與討論、思考對策，並且得做出決定的場合，事先決定談話的著地點，可說至關重要。

如果沒確定著地點，原本可以在三分鐘內說明清楚的發言，不僅無法結束，而且時間一拖再拖，講者不知所云，聽者也會覺得很痛苦。

③訓練「釐清想要傳達的事、決定著地點」

(1)一分鐘發言接力

首先集合二至五人，接著備妥測量時間的馬錶，並決定發言順序。也可以兩個人一組。

決定順序之後，參加者A對參加者B提出一個發言主題（也可以是一個詞語），沒有限制範圍，什麼都可以。參加者B針對主題，有三十秒的思考時間，三十秒過後，要自由發言一分鐘（不可超過一分鐘，也不可短於五十秒）。

無論如何，參加者B都要針對主題發言，即便沒有相關的知識也沒有關係。而且，一定要注意，將發言控制在規定的時間之內。

一分鐘結束之後，則換成參加者B提出主題，請參加者A發言。也就是說：

A→主題（飛機）→三十秒思考時間→B一分鐘發言（飛機）

→B→主題（螳螂）→三十秒思考時間→A一分鐘發言（螳螂）

定期反覆進行這種練習，說話的功力就會慢慢提升。請和同事、朋友一起嘗試，享受其中的樂趣。

(2)「為什麼問答」

可以選擇感情好的朋友，兩個人一起進行。首先，自由挑選一個主題，進行二至三分鐘的對話。結束後，先由某一方對另一方所說的話，詢問「為什麼」。將他的談話內容細部分解，然後一項一項仔細詢問。

我認為，一般人對於這種作法會有些卻步。但是，這是為了釐清對方平常在幾乎無意識中不假思索的事物，以及沒有深入思考之處。然而，在逐漸習慣這種作法之後，就能夠掌握說話者真正想要傳達的內容，並且知道他說話時無意間會閃躲的地方。我也運用這種作法，測試正在找工作的學生，以補強他們在說話表達上的弱點。

運用「身體與距離」，比言語更有效

生活在西方文化圈裡，當與某個人談話時，會發現各式各樣的差異。舉例來說，對方會有一些東方人比較不熟悉的表達方式，像是表情非常豐富、使用從沒看過的手勢、輕輕拍對話者的肩膀等。這種言語以外的傳達手段，叫做「非語言溝通」（non-verbal communication）。

一般來說，「非語言溝通」是指表情、聲音質感、服裝、儀態等。運用這些手段，可以達到更有效的溝通。像是美國心理學家阿爾伯特・麥拉賓（Albert Mehrabian）的研究，就非常有名（譯注：「麥拉賓法則」是指，在評斷一個人時，根據語言得到的訊息占七%，從聽覺得到的訊息占三八%，透過視覺得到的訊息占五五%）。

當我的牛津博士課程接近尾聲時，我與指導教授菲利浦斯討論，對於最後的博士論文口試（VIVA）要採取什麼對策。如果沒通過這個口試，就無法取得博士學位，因此我非常緊張、壓力很大。

在討論結束之後，當我正準備走出研究室時，教授突然叫我的名字，我一回頭，看到他做出食指與中指交叉的手勢，並和藹地微笑著。這個手勢稱為「cross finger」（交叉手指呈十字架型），意思是「祝你好運」。

教授為了祝福我的口試順利成功，給予我這樣的鼓勵與加油。教授平常非常嚴肅寡言，這個手勢讓我緊繃的心得以放鬆，並且充滿勇氣。

非語言溝通讓對話變圓滑

我們在與他人對談時，並非只透過言語來傳達心思意念。其實，我們會在無意識當中，從言詞之外的非語言要素，來臆測對方的意思，並設法讓談話順利圓滿。接下來，我將介紹一些非語言溝通的有效方法。

表情

在西方人眼裡，東方人（特別是日本人）經常被認為是面無表情。其原因在於，我們從小就被教育，要儘量避免強烈地表現感情。但是，這種習慣有時候反而會導致對方的誤會或不解。

舉例來說，在歡欣慶祝的場合裡，主角始終擺出嚴肅的撲克臉。此外，有個例子多半發生在年輕女性身上：在國外被不感興趣的男性搭訕時，儘管明確表達「NO」，但只要臉部顯露出微笑的表情，對方就會誤認為是「YES」。

有一種看法是「相由心生」。有人說：「從十歲至三十歲的臉，是雙親賜予的」也就是天生的臉。而三十歲以後的臉，則是自己創造的。換句話說，隨著年歲的累積，人的相貌會反映出生活及工作的影響。美國前總統林肯曾說過：「四十歲以後，要對自己的樣貌負責」，可說是同樣的道理。

手勢

我在前面提及了「cross finger」。其實，除此之外，國外還有非常多的手勢。在此我無法全部逐一介紹，有興趣的讀者可以閱讀專門的書籍。

但是，有一點必須注意：即便我們平時常用的手勢，有時候也會因為文化差異，而傳達出不同的意思。舉例來說，在英國拍照，做出大家熟悉的V字形手勢時，不可以將手掌朝向自己，因為這樣做是侮辱對方。此外，在土耳其、巴西，「OK」的手勢具有侮辱的意思，而成為一種禁忌。

視線（眼神接觸）

據說，以莎翁戲劇聞名的英國演員勞倫斯·奧立佛（LaurenceOlivier，一九〇七—一九八九），在某個時期，非常在意自己在劇中的視線與眼神的游移方式，對此變得極度神經質。由此可知，連世界知名演員也會對眼神接觸感到不安，而煩惱不已。

一般來說，眼神接觸是日本人最不擅長的非語言溝通。你認為在實際對談當中，日本人有多少時間是看著對方？雖然基本上因人而異，但根據某項調查結果顯示，在三分鐘的對談中，有一分三十秒的時間，每隔五至十秒，就會把視線移開。

相對地，有些地區的文化，是在談話中一直看著對方的眼睛。對於來自這些國家的人而言，看到日本人眼神接觸的方式，會有以下的感覺。

在目光移開的瞬間，他們可能會認為，日本人「對於我們正在聊的內容沒有興趣」、「心中在想別的事情」、「有什麼於心有愧的地方」。

因此，在跟會一直看著對方眼睛的人談話時，當他看著自己時，也要留意與對方一樣，努力持續看著他。

如果想要提升眼神接觸的效果，可以參考自己喜愛的演員，看他們如何運用表情和眼神，並試著在鏡子前練習一番。此外，在與對方談話時，想像自己「現在正在演戲」，養成看著對方眼睛的習慣，也是不錯的方法。

身體接觸

這是指在談話過程中輕輕碰觸對方身體的行為。另外，有時候在對話的最初與最後，彼此會緊緊互相擁抱等。

特別是對於拉丁國家的人而言，身體接觸相當具有文化特色。無論男女，即便是第一次見面，碰觸對方的身體、甚至相互擁抱都是很自然的事。隨著彼此交情更加深厚，成為親近的朋友，身體接觸的程度也會變得更加強烈。

一般來說，東方人在談話時，不太會碰觸對方的身體。特別是對於異性，有時候會被誤解為性騷擾，必須多加注意。

時間觀念

如果會議或是商洽的時間訂在下午兩點，你會在幾點到達約定地點？相較於其他的亞洲國家，日本人有比約定時間提早抵達的傾向。這種一絲不苟的時間觀念，稱為「單一時間」（monochronictime）的習慣。在我任教的大學裡，經常有留學生的聚會，在開始之前就到達會場的，通常都是亞洲各國的學生。

相對地，在時間觀念上比較隨興、不在意，則稱為「多元時間」（polychronic time）的習慣。特別是在義大利、西班牙、南美等國家的人身上，可以發覺到「人的方便與否，優先於遵守時間」的傾向。

舉例來說，彼此約好要見面，結果對方卻晚到了。若是日本人，即使對方只是遲到五分鐘左右，或許就會焦躁不安。但是，義大利人卻不會因為對方稍稍遲到而生氣，因為他們會認為，對方「是因為突然有什麼重要事情，所以遲到了」，並且原諒對方。同樣地，若是自己出現相同狀況，也希望對方能夠體諒。

如果不知道雙方在時間觀念上有這種差異，可能會破壞彼此之間的關係。再說，在西方文化裡，被邀請參加某人的家庭聚會時，反而是稍稍遲到一會兒，才是有禮貌。其他的例子還包括，東方人與西方人在談話當中的「沉默」，有時候具有完全不同的意義。

最後，「空間觀念」也是一個很關鍵的要素。在東方社會，到會議室開會或是搭乘轎車，基本上都得依據地位高低來決定座位。要是不小心弄錯，坐在上司或是長官的座位上，就會招人白眼。

由於東方人的溝通風格傾向於依賴語言，因此很重要的是，透過有效運用非語言溝通的方法，創造出容易與對方交流的環境，留意話要聽到最後，展現沉著大方的態度等。

只身懷一技，強過樣樣會卻都不精

「被稱為英格蘭王的亨利八世，將英國教會脫離羅馬天主教廷，一生共結了六次婚……。」

「英國企業是遵照依據公司法所訂立的英國基準，製作個別財務報表，並進行稅務計算……。」

在牛津大學裡，專精於專門領域的知識，例如歷史、文學、企業管理等的人很多，甚至有人拍著胸脯說：「關於某個話題，無論講述多少個小時都沒有問題。」而聽眾即使話題與自己的專門領域不同，也會很有耐心地傾聽。

實際上，不論在學術領域、職能、興趣或是動腦構思等各方面，對於某件事有很深入的了解、擁有某項特殊技能的人，一般來說，都擅長延續話題，促使場面熱絡，並且受到他人尊敬。

雖然時常有人說我多才多藝、興趣廣泛，但絕對稱不上樣樣精通。在大學的聚會活動中，我有時候會在學生面前演奏鋼琴或吉他彈唱。參加國外的學會聯誼，也曾經稍稍表演一下日本能劇，跳一段仕舞（譯注：能劇中一種表演形式，將主角特別有看頭的部分，挑選出來表演）。

只是，不論是哪一項才藝，我都不夠完美，或許可說是不熟練。當我與那些精通某項才藝、技能或嗜好的人交談，便會自歎不如，真可說是「樣樣會，卻樣樣都不精」。

行行出狀元：成為評論家

我認為無論是誰，在自己有興趣或是擅長的部分，都是這個領域的「評論家」。為了要在夥伴當中或是組織裡，展現自己，讓人留下深刻的印象，最好能夠扮演這樣的角色。要成為評論家，必須做到以下幾點：

・擁有一定程度以上的興趣或知識。
・能夠充分傳達自己的興趣或擅長領域。
・被大家公認「關於這件事，問某某人就對了」。

具體地說，要成為自己擅長領域的評論家，這些領域包含了高爾夫球或棒球等運動，釣魚或登山等休閒活動，以及文學或繪畫等人文藝術。

近年來，有越來越多的女性，對於歷史或戰國時代的武將等具備深厚造詣。和這樣的人交談，不僅十分欽佩她們研究得如此徹底，對話也能持續下去，一點都不覺得無聊。

一技在身，受用無窮

對小孩、學生或部屬，怎樣才能引導出他們的個人特質，並培育他們擁有過人的技能或知識？以下的概念可以做為參考：

- 讓他去做熱衷的事，無論那是什麼可以。
- 在他徹底鑽研某件事之前，不讓他心有旁騖。
- 不讓他同時做很多事。
- 定期讓他展現所學的知識與技能。
- 依據學習程度，給予讚賞或報酬。

指導他人、確立他們的專業或技能，並非一朝一夕就能夠做到。首先，要找出當事人很喜歡或是擅長的事物。就如同「一技在身，受用無窮」這句話，當面臨緊要關頭或困境時，曾深入習得的知識與技能，有時候能夠導引我們找到解決方法。另外，我認為擁有一技之長還能引發其他效果，例如活化我們的創造力等。

即使擁有的技能沒有直接用處，在追求精益求精的過程中，便積蓄了更上一層樓的動力。

這樣的幽默感，增強傳達力好幾倍

在西方各國，即使是在正式的場合，也經常在對話中穿插俏皮或玩笑話。即使第一次見面，或是社會地位有所差距，適度加入一些玩笑話，就能夠成為談話溝通上的潤滑劑。

相對地，由於東方社會要求，在對話中應該真摯誠懇地傾聽對方所說的話，因此很少會把俏皮或玩笑話當做一種溝通工具。

其實，從另一個角度來看，俏皮或玩笑話才是高難度的溝通技巧。正因為能夠客觀且正確理解對方所說的話，才有辦法在交談中自然穿插幽默的話語。最近有些研究甚至證明，策略性地運用玩笑話等溝通技巧，不僅可以抓住聽眾的心，還能夠在商務談判中取得優勢。

一般來說，俏皮或是玩笑話具有以下的效果：

- **讓場面氣氛變得和諧。**
- **讓對話朝向積極正面的方向進行。**
- **證明自己客觀地傾聽談話內容。**
- **透過歡笑容建構團隊合作。**

開開玩笑不僅可以讓交談變得更愉快，日常生活變得開朗快活，甚至豐富了自己的人生。

巧妙說出玩笑話的祕訣是，在還不習慣時，像是背誦橋段一樣，如果一遍遍發出聲音勤加練習，就可以流暢自然地脫口而出。

在開始或結尾說說玩笑話

有時候，我會在國際性的學會發表研究。在那樣的場合裡，經常看到有人在發表時說一些玩笑話，尤其是英國人或美國人。基本模式是，最常在開場白的部分，其次是在結尾的部分。

例如，有一次參加在英國舉辦的學會，某位當地的研究者在發表時，一開始就面帶笑容對大家說：「今天，我的隨身碟狀況不太好，所以簡報的畫面可能會有點凌亂。因為它（指隨身碟）昨晚不小心吃了英國菜……。還請多多包涵。」

雖然不知道這位仁兄是否因為準備不周，而想要蒙混一下，但是他運用大家對於「英國菜很難吃」的刻板印象，開了一個玩笑，讓聽眾不禁莞爾，整個會場的氣氛也頓時變得輕鬆不少。

此外，在對話的尾聲加入玩笑話，也能夠讓對方對自己留下深刻的印象。

像是某一位發表者，在簡報的最後對大家說：「關於我的發表，不曉得大家覺得如何？今天來聽的人，可以想成研究已經有一半獲得解決！」

有一位聽眾馬上接口：「好耶！那請您再發表一次！」（如此一來，研究就全部完成了。）

我認為，這樣的對話之所以會成立，是因為開玩笑的人與理解玩笑話的人，是共處在有一定成熟度的文化與溝通型態當中。由於一直持續死板拘泥的對話，反而無法衍生出好的構想與人際關係，因此希望大家也能夠營造一個可以輕鬆談話的氛圍。

但是，玩笑或俏皮話當中，有些內容會傷害對方或是蔑視外國文化，這一點必須要注意。

自我解嘲，緩和緊張氣氛

根據最近發表的調查結果，將幽默與詼諧納入企業文化，可以緩和上司與部屬之間緊張或對立的關係。

在談話中加入詼諧或玩笑的有效方法之一，就是「自我解嘲」（Self-Deprecating Humor）。自我解嘲是指，以自己做為話題素材來製造笑果。類似電視上的搞笑藝人，透過嘲諷自己逗觀眾開懷大笑。

人稱「鐵娘子」的英國前首相柴契爾夫人，是在牛津大學學習化學與經濟學之後，成為政治家。她是第一位在世時，就被設立銅像於英國國會殿堂中的首相。當時，柴契爾夫人說：「我還以為會是鐵像，如果是銅像，我就放心了……。銅也很好啊，因為不會生鏽。」這番話讓人會心一笑。

我也經常在上論文討論課時，自我解嘲一番，把生活中實際發生的事當做素材，來創造笑果。舉例來說，「昨天因為跟其他老師聚會喝酒，搞到很晚才回到家，結果洗澡時，把浴缸清潔劑當成洗髮精，拿來洗頭了」；「由於急急忙忙衝出家門，鞋子左右穿反了，難怪在街上覺得很難走路」等。

剛好在我埋頭撰寫這本書之際，在西班牙聯盟的足球比賽中，觀眾席上有人帶有歧視意味，朝選手丟擲香蕉。媒體大肆報導了這個事件。

對於這樣的行為，這個選手沒有顯露出自己的憤怒，而是把皮一剝吃掉香蕉，展現「吞下歧視」的幽默感。他的行為打動了全世界人們的心，更為反對歧視的人帶來了勇氣。這讓我重新認識到，有時候幽默與玩笑也能夠創造出世界潮流。

建立人脈的「超一流」書信寫作術

倫敦有很多世界聞名、高價一流的商店與餐廳，例如：博柏利、登喜路（Dunhill）、瑋緻活、福南梅森（Fortnum & Mason）等精品店，以及哈洛德（Harrods）等超高級的百貨公司。

我在留學英國的期間，曾經去這類名店和百貨公司，遊覽觀光兼放鬆心情。當時，我外表明顯看起來經濟不富裕，穿著打扮彷彿所有的衣服就只有身上這件。但是，店員還是笑臉迎人，親切和善地對我說：「需要協助時，請隨時出聲讓我知道。」這樣的服務態度讓我非常感動。

在具有傳統和規矩的商店與餐廳裡，不只是其中販賣的商品，每位從業人員的待客之道，也都是超一流且溫暖，真正可稱為發自內心的款待。

書信，可以充滿情意

現在，網路與電子郵件已成為傳達訊息的主要工具，親手用紙筆寫信的機會也已經大大減少。除了經常使用便利的電子郵件進行聯絡，最近在年輕人之間，不用文字而是用圖形、貼圖等來溝通的情形，也越來越多。

對於離鄉背井的學生或留學生，我會建議即使只有一次也好，親筆寫封信給你的父母親或朋友。

我在出國留學之前，一直都待在家鄉，因此除了賀年卡與情書之外，幾乎從未寫信給親朋好友。在紐約留學時，第一次寫封信給父母親，但也只是敘述一些微不足道的日常瑣事。

然而，當我利用學校放假回家省親時，不經意看到老家客廳的牆壁，發現自己寄回來的明信片與信件，都被小心翼翼地貼在牆壁或衣櫃上。後來聽說，在我留學的那段期間，媽媽看到我寄來的信，會高興得流下眼淚，連我自己都覺得很驚訝。從此之後，我都會注意，只要一有機會，固定一段時間就要拿起筆來寫信。

不只是在西方國家，到處都有販賣漂亮的信封、信紙及卡片的店。針對特別的對象，或是適逢紀念日、通知重要事情時，儘量寄送親筆書寫的書信或卡片，能讓對方留下良好印象。我自己也有過這樣的經驗，從牛津的禮品店送信或卡片給家鄉的朋友，對方都非常開心。

若是印有社交辭令、一次給很多人的文件，或是字體很小且字數很多的文書，或是印好文字的市售明信片等，應該不太能夠打動對方的心。另外，在醉醺醺或熬夜至很晚時寫下的書信，在投遞郵寄之前一定要重新看一遍。

當使用圖形文字或表情符號時，也要留意。舉例來說，對於（^O^）的表情，大部分的日本人都會解讀為「正在笑」、「感到開心」等，但是在某些國家，這有可能也會被解讀成「感到驚訝」、「糊塗愚蠢」（嘴巴開得大大的）的表情。

令人難忘的書信應該具備以下的要點：

- **如果使用市面上販售已印好文字、圖案的卡片，一定要加上一些話。**
- **內容具故事性，就像小說般，能讓讀者欲罷不能。**

- **附上自己獨特的插圖。**
- **當對方有事想商量時，真摯地給予建議（並非命令語調）。**
- **坦率直白寫下感謝、讚美的詞句。**

其他像是在書信最後，加上深具魅力的英式結語，例如：「Very truly yours」、「Sincerely yours」、「All the best」等，更能讓人讀完後留下淡淡的餘韻。

即使字寫得不好看、言詞表現不夠靈巧，感情豐富的文筆就能打動對方的心。現今這個時代，Skype、手機免費通話非常普及，資訊的取得極為便利。但正因為如此，更衷心希望能夠特意保有為某人親筆寫信的習慣。

直到現在，我還是會收到牛津與世界其他地方的友人或畢業生寄來的卡片，上面有家人合照或是家鄉街道風景照。我一定會將對方的筆跡、措辭、插畫等，從頭讀到尾，並且珍惜地收藏起來。

珍惜宴飲交流的機會

在英語當中，一起飲食以加深彼此感情，被稱為「宴飲交流」（conviviality），與「吃同一鍋飯」的語感相當接近。

當我在牛津留學時，經常帶著家人與朋友家人一起交流。在西方國家裡，人們多會邀請或被邀參加交互舉辦的家庭聚會。大家準備深具自己國家特色的料理或飲品，互相展示家庭照片、一起玩遊戲等，度過一段非常愉快的時光。

但在日本，即使彼此關係很親近，一般來說，很少會招待他人到自己家來玩。如果是上司與部屬的關係，總是「回家前一起喝一杯」，僅止於在外面應酬交流而已。

我的指導教授經常招待我和妻子到他家中，一邊享用師母的家常菜，一邊聊天，能夠超越師生的立場，和樂融融、打成一片。同樣地，現在我也會招待留學生到自己家裡。

請各位也試著舉辦家庭聚會，大家可以互相看到與平常不同的一面，增進良好的人際關係。

在街上和外國人交談

在東京外國語大學，以歐美各國為首，有來自各個國家的留學生。經常，有一些母語並非英語的留學生會表示：「日本人在街上與外國人交談時，為什麼都用英文？我明明是義大利人啊。」

日本人可能覺得在街上被外國人問路時，用英語回答是一種親切的表現。但是，造訪日本的外國人多半會想：「都特地來到日本了，想要說說日文。」

幾年後，東京將舉辦奧運。對於來到日本的外國訪客，首先從最基本的打招呼開始，儘量用日語和他們交談。

現今，全球化日益發展，即使在國內，與外國人接觸的機會也增加了。站在對方的立場設想，溫馨親切的對待就是通行世界「發自內心的款待」的原點。

另外，這不只是要滿足對方，也必須讓款待者感到喜悅。這樣的相互關係並非僅是接待與觀光，而是在社會生活中各種場合的基本要素。

生活習慣下點工夫，就能獲得6種能力

到目前為止，可能有不少人感覺，自己已經掌握或擁有牛津菁英的素質，以及六種能力。

不限於牛津大學，從世界頂尖大學畢業、活躍在社會各界的人，都會有明確的特徵。其實，任何人只要在日常生活習慣上，稍微下點工夫，就能夠獲得那些能力。

石像的三張臉

不論是在研究或是商務領域，說到在世界的第一線活躍的人物，或許會浮現無所畏懼、無論面對什麼事情，都能夠果敢向前的豪傑印象。特別是牛津人，不只會讀書，從事橄欖球等運動也有極為傑出的表現，自然容易被視為擁有這樣的人物特徵。但實際上，並非所有的牛津人都是如此。反而，有不少的人擁有與前述完全相反的素質與心態。

在本書中，我數次將個別指導、嚴苛的考試、提出論文與報告等當做主題，無論是哪一位牛津人，在學期間都會因強大壓力與精神緊繃而煩惱不已，由此而生的恐懼、不安及苦惱時常會糾纏不放。

在牛津的學院外牆上，可以看到被稱為「石像鬼」的仿人臉裝飾（譯注：石像鬼〔gargoyle〕又名「滴水嘴」，是西洋建築中常見於屋簷的怪獸形象雕像）。據說石像鬼扮演「驅邪」的角色，有「笑」、「深思」及「苦惱」三種具代表性的表情。

在英國這個國家成立之前，牛津大學便已經存在，時至今日已培育出無數的優秀學生。

從石像鬼的表情就可窺知，在如此漫長歷史中，學生反覆經歷了「因思考而喜悅」與「因思考而苦惱」，一路走過學習的道路。正因為如此，即使是牛津的菁英，也會對於生活與人生懷抱不安，經歷困苦與艱辛。

不安與安心是一體兩面

牛津人如何克服恐懼與不安？正確地說，如何懷抱那些恐懼與不安，積極地度過每一天？為此又必須養成什麼樣的習慣，或是需要留意什麼？

這與本書所談的「六種力量」也有關聯，我在此重新整理如下：

- 為他人全力以赴，並且不忘記常懷感謝之心（不說不滿與抱怨，贏得周遭的好感）。
- 保持周遭清潔（預防由此而生的身心疾病）。
- 養成規律的飲食、運動與睡眠習慣（整頓生活的節奏，變得健康）。
- 離開物質的世界，經常與大自然接觸（透過散步等，培養積極正向的思考與創造力）。
- 不疾不徐，以長遠的眼光來擬訂計畫（不隨周遭起舞，以自己的節奏戰鬥）。
- 不局限於工作，擁有能夠自我表現的技能（一藝在身，勝積千金，是世界共通

的道理）。

各位覺得如何呢？

你是否也認為，在這裡所列舉的事項，都是只要留心，無論是誰或是在何處，都能夠付諸實踐呢？

我們只是在現實生活當中，因為忙碌而忽略這樣的基本習慣罷了。請不要忘記這六個基本事項，持續因思考而喜悅，因思考而苦惱，這將引領我們突破傳統，改變世界，創造歷史。

6

本章重點

- 簡單生活與實用耐用是基本原則。
- 幸運物品能帶給我們自信與勇氣。
- 決定談話的著地點，將想要傳達的事情明確化。
- 當對方看著我們的眼睛時，我方也不移開視線。
- 以幽默與玩笑提升溝通技能。
- 牛津菁英也懷抱著不安與苦惱。

後記

漫漫曲折成長路

「披頭四」是英國所造就的世界上最知名音樂團體，在其眾多名曲當中，「漫漫曲折成長路」（The Long and Winding Road）是我最喜愛的一首。我在牛津留學，被課業逼得喘不過氣時，總會邊聽邊跟著哼唱，藉此撫慰或是鼓舞自己。即便已經過了二十年，我現在若有機會，還會用鋼琴自彈自唱。

我認為，「漫漫曲折成長路」這個歌名，完全符合指導者與學習者，在互相學習過程中的心境。因為，不管指導或是學習什麼，都只能一邊煩惱，一邊繼續走下去，就如同面對「漫長又蜿蜒，沒有終點的道路」一般。

對於只寫過專業書籍的我而言，撰寫本書可說是一大挑戰。隨著歲月的流逝，牛津大學時代的往事是否會變成遙遠的回憶？因為有過這樣的想法，從很久以前，我就抱持著要把當時的經歷，完整地整理及記錄下來的願望。如今這本書的出版，可說是實現了我的夢想。

儘管我原本便是以寫作為業，然而一旦提起筆來寫書，才知道困難重重。與撰寫學術論文截然不同，從頭到尾對我而言都是未知的體驗。已經不知道有多少次，我因為萬分苦惱「如何才能夠寫得好？」而想要中途放棄。

靠著出版社執行編輯「精確」的指導，我總算能夠完成這本書。在不斷地討論與修正原稿的過程中，我真正感受到本書的主題之一：教導方法的真義。

我認為，牛津大學與其他的世界頂尖大學，都有鮮明共通的教導方法。當回想起留學時光的一些插曲時，承蒙照顧的教授、共同學習的同學等人的身影，清晰浮現在我腦海中，彷彿昨日之事歷歷在目。

在本書中，我一再重複提及，教導真是一種非常困難且需要耐心的行為。但是，從另一個角度來看，如果教導沒有伴隨這種困難與痛苦，是否無法讓學習者安心，激發出他們的幹勁？

我認為站在指導立場的人，必須將以下兩件事放在心上：

不可要求回報

有時候，指導者對於學習者，會有「我教了你這麼多，希望你有所回報」的想法。但是如果指導者抱持這樣的情緒，學習者馬上就會察覺得到。因此，從一開始就不要期待有所回報，全心全力來指導學習者。

指導者不可背離對方

不管是孩子、學生或部屬，時間到了總有離開自己的身邊。指導者應該事先有覺悟，指導的對象總會獨立，邁向自己的前程。

但是，即便面臨要看著他們的背影送別的時刻，指導者也絕對不可以自己主動轉身離開。

在此，我分享一下目前正在致力從事的事。

我在大學裡，主要是負責接受國外留學生來日本留學，以及將日本學生送到國外留學的學程。留學生與日本學生共聚一堂，無論是講授或是討論則全都是用英語來進行。一方面強化留學生的日語能力，以及對日本文化的理解，同時也幫助日本學生了解其他國家的文化，培育能夠相互尊重與切磋琢磨的人才。

但從現實面來看，大學在培育全球化人才方面，還有一大段路要走。我認為基本上有兩個原因。

第一個原因是，目前一貫化的教育環境還嫌不足。為了讓社會能夠承受全球化社會的激烈競爭，必須致力培養社會所需要的國際菁英。

第二個原因是，在全球化社會中與人對等交鋒的溝通能力，尚嫌不足。

現今，想要從長期的政治與經濟低迷狀態，以及年輕人不願走出去的困境中破繭而出，我們迫切需要培養出能在全球化社會中活躍的人才。為此，必須重新審視從以前就一直延續下來，以死背填鴨式為中心的教學方式，讓學習者同時具備創造性與行動力。

本書的主題——牛津大學實踐的教導法，與六種領導能力的培養，對於學校、政府、商務，甚至所有的人而言，都是有幫助的。根據預測，在不久的將來，多樣的人種與擁有多元文化背景的人，將使國境的界線變得更加模糊。在這層意義上，絕對有必要讓領導全球教育界的教導法，進一步地普及與扎根。

最後，對於在本書的出版之際，曾經給予協助與支持的人，我想表達最誠摯的謝意。

衷心感謝朝日新聞出版的佐藤聖一先生，給予我如此寶貴的機會。若沒有佐藤先生的體諒、建議及鼓勵，我根本無法完成這本書。

此外，我還要深切感謝株式會社WAO CORPORATION的松本正行先生，他創造了我撰寫本書的契機。

在本書中登場的一些故事與插曲，都是從牛津大學的友人、恩師、前輩、後進身上獲得的珍貴且有趣的經驗與回憶當中，所得到的啟示。

東京外國語大學的研究生，也給了我很多的想法。儘管無法在此列舉出所有人的名字，然而從本書企畫階段開始，我便獲得他們很多的寶貴意見，特別是村上昂音、佐佐木亮、松田隼、松本崇嗣、長谷川宏紀、久米理介、中村理香、岡田直樹、大見謝將伍、畠由梨繪等諸位同學。

藉由這個場合，我想向各位深深獻上我的感謝。真的很謝謝你們。

再來，對於讓我任性走自己的路的父母親與兄弟姊妹，我也在此獻上感謝。我對於前往牛津大學留學深感不安，若非父母親鼓勵：「做你想做的事！你一定辦得到！」應該就沒有今天的我。

很偶然的是，本書的出版日正好是我和妻子結婚二十週年的紀念日。在二十年前的七月，我們舉行了婚禮，而十天之後，我們兩個人就一起前往英國留學了。

對於妻子奈緒美，我想表達由衷的謝意，從結婚那天開始直到今天，她一直發揮極大忍耐與毅力，我在的時候包容我、我不在的時候為我操心。還要感謝兩個可愛的女兒瑪麗亞與奈奈，總是以笑容鼓勵我。

此外，我還想謝謝我家的愛犬可可，牠總是陪伴我外出進行「為了思考的散步」。

直到現在，我還有一個尚未放棄的夢想。以本書的出版為契機，我已經下定決心，要朝著夢想持續邁進。

國家圖書館出版品預行編目（CIP）資料

未來你是誰：牛津大學的 6 堂領導課 / 岡田昭人著；蔡容寧譯
-- 三版. -- 新北市：大樂文化，2022.09
288面；14.8×21公分．--（Smart；114）
譯自：世界を変える思考力を養う オックスフォードの教え方
ISBN：978-986-5564-90-2（平裝）
1.企業領導　2.組織管理
494.2　　104017920

Smart 114

未來你是誰（珍藏版）

牛津大學的 6 堂領導課

（原書名：未來你是誰）

作　　者／岡田昭人
譯　　者／蔡容寧
封面設計／江慧雯
內頁排版／思　思
主　　編／皮海屏
發行專員／鄭羽希
財務經理／陳碧蘭
發行經理／高世權、呂和儒
總編輯、總經理／蔡連壽
出 版 者／大樂文化有限公司（優渥誌）
地址：新北市板橋區文化路一段 268 號 18 樓之 1
電話：（02）2258-3656
傳真：（02）2258-3660
詢問購書相關資訊請洽：(02)2258-3656
郵政劃撥帳號／50211045　戶名／大樂文化有限公司

香港發行／豐達出版發行有限公司
地址：香港柴灣永泰道 70 號柴灣工業城 2 期 1805 室
電話：852-2172 6513　傳真：852-2172 4355

法律顧問／第一國際法律事務所余淑杏
印　　刷／韋懋實業有限公司

出版日期／2015 年 10 月 5 日 初版
2022 年 9 月 19 日 珍藏版
定　　價／300 元（缺頁或損毀，請寄回更換）
I S B N　978-986-5564-90-2